ITINERAIRE

DU PALAIS ET DE LA FORÊT

CHAPELLE ÉVANGÉLIQUE.

Fontainebleau possède depuis plusieurs années, un petit édifice consacré au Culte Réformé; le service s'y fait régulièrement tous les dimanches à midi 1/4; des pasteurs de Paris s'y rendent alternativement.

Il existe à Fontainebleau une maison de prières pour les Israélites depuis 1789; l'office s'y dit tous les vendredi et samedi de chaque semaine ainsi qu'à toutes les grandes fêtes.

La commission administrative de ce culte, à Fontainebleau, est dans l'intention d'élever un temple, dont l'étude, le plan et le devis sont prêts. Espérons qu'elle mènera à bonne fin cette œuvre qui dotera notre ville d'un monument de plus.

Les appartements du Palais sont visitables tous les jours de onze heures à quatre heures.

Les caravanes pédestres que dirige M. Denecourt, ont lieu tous les jeudis de la belle saison. S'adresser chez lui, rue de France, 33, pour prendre connaissance de l'itinéraire de l'exploration et de l'heure de départ.

SOUVENIRS DE FONTAINEBLEAU

GUIDE DU VOYAGEUR

DANS

LES GORGES DE FRANCHARD

ou

Itinéraire indispensable à observer pour parcourir paisiblement le nouveau sentier des Druides, sentier réellement féerique et dont le développement, de trois kilomètres, sillonne une suite non interrompue de sites et de points de vue très agrestes, très imposants; ce sont d'immenses pêle-mêles de rochers, des gorges désertes, des antres, des cavernes et toute une nature abrupte et apricieusement bouleversée ou, pour dire mieux un véritable chaos dont l'aspect, à la fois sauvage et pittoresque, vous saisit et vous charme à chaque pas!!!...

Cette incomparable promenade, qui part des ruines de Franchard et y rentre après avoir décrit une courbe, un cercle des plus tourmentés, des plus accidentés, se parcourt conformément à l'ordre numérique indiqué sur la carte ci-contre.

Itinéraire de la Promenade.

1. Carrefour et cèdre de Franchard.
2. Carrefour des abeilles.
3. Chêne de Marie-Thérèse.
4. Mare de Franchard.
5. Rocher des Ermites.
6. Roche qui pleure.
7. Point de vue sur les Gorges.
8. Genévrier remarquable.
9. Autre genévrier très remarquable.
10. Roches et passage du Ricochet.

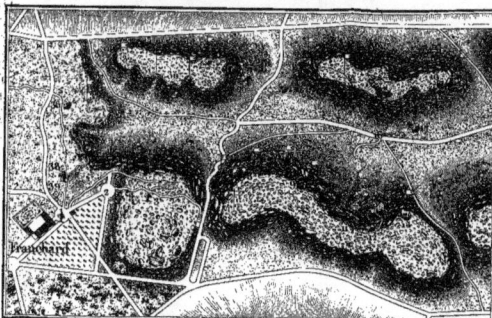

Suite de l'Itinéraire.

11. Petite mare tarissable.
12. Roche et grotte de Philippe-Auguste.
13. Passage et roche de Diane de Poitiers.
14. Point de vue de la Grande Roche.
15. Passage sous les Roches à marie.
16. Carrefour des Gorges de Franchard.
17. Passage entre la Haute Roche.
18. Passage sous la Roche du héron.
19. Passage sous la Roche couvrante.
20. Passage dans le Rocher déchiré.
21. Passage dans l'Antre des Druides.
22. Passage sous la Roche d'Eugénie.
23. Rocher et couloir des Druides.
24. Arche des Druides.
25. Chêne de Gabrielle d'Estrée.
26. Passage et Rocher de Sully.
27. Rocher et point de vue de Henri IV.
28. Passage et Redoute du Dragon.
29. Gorge et Rocher de la Reine Blanche.
30. Roche d'Estrée.
31. Passage du Rocher Odini.
32. Grotte de l'Ermite Guillaume.
33. Passage et Rocher aux Bouleaux.
34. Grand point de vue des Gorges de Franchard.
35. La Caverne Ténébreuse.
36. Le Sphinx des Druides.
37. Le Gorge du petit Chaos.
38. Chêne de Maintenon.
39. Fontaine des Ermites.
40. Chêne et Roches de Pompadour.

Franchard

Gravée par Schneevoël. — Dressé par Denecourt, revu et dessiné par P.F.Forin. — *Imp.de Thierry &Cie.*

Signes Conventionnels.

Très beaux points de vue...................................

Trajet de la promenade.......................................

Passages sous roche..

GUIDE

DU

PROMENEUR ET DE L'ARTISTE A FONTAINEBLEAU

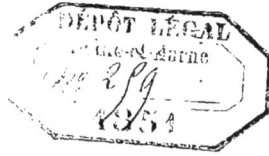

ITINÉRAIRE

DU PALAIS ET DE LA FORÊT

SEPTIÈME ÉDITION

Par C.-F. DENECOURT,

Créateur des pittoresques sentiers de la forêt de Fontainebleau.

PRIX : 1 FRANC.

FONTAINEBLEAU

CHEZ L'AUTEUR ET CHEZ LES LIBRAIRES.

PARIS

A LA LIBRAIRIE SPÉCIALE DES VOYAGES,

Et aux bureaux du *Journal du Plaisir*, Boulevart Poissonnière,
Nº 14 bis (maison du Pont-de-Fer).

1851

INTRODUCTION.

O vous dont le cœur et l'âme se réjouissent à la vue de tout ce qui plaît, de tout ce qui charme! vous qui aimez à bien voir, à bien explorer les belles choses; vous qui, enfin, venez à Fontainebleau pour y éprouver de suaves impressions de voyages et en repartir avec des souvenirs réellement exacts et ineffaçables, n'oubliez pas qu'il s'agit ici d'un immense palais, d'un véritable pêle-mêle de châteaux dont les cent façades et pavillons abritent et enferment un dédale de magnifiques appartements, de vastes galeries et d'antiques chapelles, où brillent mille tableaux, mille chefs-d'œuvre qui rappellent tous les grands artistes, toutes les célébrités qui ont illustré, qui ont éternisé cette antique et belle résidence!...

Visitez dans ses curieux et merveilleux détails ce palais, œuvre de huit siècles et de quatorze rois! palais si remarquable et si riche de souvenirs! palais que François Ier et Henri IV ont tant embelli, tant aimé! palais où Diane de Poitiers et la tendre Gabrielle ainsi que tant d'autres illustres beautés, sont venues se délecter et exercer l'empire de leurs charmes!...

Visitez, de ce palais où Napoléon fit ses touchants adieux, le parc aux frais ombrages, les jardins embaumés, leurs eaux limpides, leurs lacs en miniature, leurs soyeuses pelouses, leurs délicieux bosquets ; tous ces lieux enchantés par la nature et que l'art a si gracieusement et coquettement parés !...

Mais surtout n'oubliez pas que la vaste forêt qui entoure Fontainebleau n'est rien moins, elle aussi, qu'un immense et admirable pêle-mêle ; mais un pêle-mêle de monts et de rochers, de gorges sinueuses et profondes, d'antres et de cavernes ; pêle-mêle, qu'en déchirant la terre le déluge a si bien formé, si bien arrangé ! pêle-mêle que Saint-Louis appelait ses *chers déserts;* déserts, en effet, trois fois délicieux ! déserts aux mille sites variés, aux mille ravissants points de vue ! déserts dont l'aspect à la fois sauvage et éminemment pittoresque, vous saisit et vous charme dès que vous y pénétrez !...

N'oubliez pas, non plus, que cette forêt si belle et sans rivale, que ce féérique jardin, cet Éden comme Dieu seul sait en planter, est sillonné d'innombrables routes et de chemins tourmentés dont le développement excède 200 myriamètres (600 lieues) !

N'oubliez pas, voulons-nous dire, que pour visiter dignement notre Fontainebleau, il ne faut pas s'y aventurer au hasard, comme font maints voyageurs qui, dans la pensée qu'il s'agit ici d'un parc de Saint-Cloud ou d'un bois de Boulogne, s'en retournent pour la plupart après s'être vainement fatigués ou fait exploiter sans avoir vu à peine quelques-uns de nos sites.

Non ce n'est pas ainsi, ce n'est pas en se confiant au hasard ou à de prétendus cicérones connaissant eux-mêmes fort peu la forêt, que l'on parviendra jamais à la visiter convenablement, mais en s'y prenant avec une certaine méthode et en quelque sorte avec art. Cet art nous avons dit ailleurs comment et à quel prix nous l'avions acquis. Mais ceci importe peu aux curieux amateurs qui viennent pour explorer nos romantiques déserts, nos agrestes rochers, nos antiques futaies, nos chênes sacrés. L'essentiel c'est de leur fournir les moyens de les parcourir facilement et très agréablement. Ces moyens que nous avons déjà produits dans nos premières éditions, nous les reproduisons mieux encore dans celle-ci et, de plus, l'itinéraire des promenades réellement féériques nouvellement tracées vers la Gorge aux Loups et surtout vers la Grotte aux Cristaux. Notre mission à nous, humble cicérone, ne consiste pas à vouloir faire de la description poétique, ni de l'histoire, surtout à la façon de certains auteurs moins modestes que prétentieux, moins véridiques, moins sincères que discoureurs impudents, se posant comme *Anges du Mont-Parnasse*, comme *créateurs de monuments littéraires*, et dont les fastidieuses divagations ne peuvent qu'ennuyer et égarer le promeneur... Notre méthode plus simple et plus consciencieuse, nous osons le dire, consiste simplement à signaler à nos lecteurs toutes les choses dignes de fixer leur attention, leur admiration, et principalement à les diriger dans nos sites, comme s'ils étaient conduits par la main, d'autant mieux que nous avons nous-même tracé et créé ces mille chemins doux et faciles, au moyen desquels on peut aujourd'hui visiter convenablement la forêt de Fontainebleau.

Dans la pensée d'être agréable à toutes les personnes qui viennent visiter les sites de cette vaste forêt, nous en avons combiné les promenades de manière à ce qu'elles puissent être parcourues soit pédestrement, soit à l'aide d'équipage et en raison des instants que l'on veut y consacrer. Nous nous sommes essentiellement attaché à guider la marche des promeneurs à pied. Quant aux personnes en voiture, les cochers connaissant la forêt pourront suppléer à nos indications. Mais avant de pénétrer dans nos charmants déserts, il faut aller visiter le palais dont nous allons vous signaler les beautés et les merveilles.

ITINERAIRE DU PALAIS

On entre au Palais soit par la grille principale donnant sur la place du Ferrare, ou bien par la modeste porte de la cour des Mathurins donnant sur la rue des Bons-Enfants. Les portiers vous indiqueront la Conciergerie où se tiennent des employés chargés de conduire dans les appartements.

Voici quelles sont les parties du Château qui méritent réellement d'être visitées et l'ordre de marche actuellement observé :

COUR DES ADIEUX, autrefois COUR DU CHEVAL BLANC. Cette cour, due au règne de François Ier, est remarquable par son étendue, qui est de 152 mètres de longueur sur 102 mètres de largeur, sa belle grille décorée de deux aigles impériales, mais principalement par le monumental escalier en fer à cheval qui décore la façade du fond.

CHAPELLE DE LA SAINTE-TRINITÉ. — Fondée par Saint-Louis et rebâtie sous François Ier. C'est l'un des plus gracieux vaisseaux d'église. Les peintures de la voûte sont de Fréminet, artiste renommé du temps de Henri IV. L'autel, élevé par Louis XIII, est l'œuvre de l'italien Bordoni, et les statues en bronze de Germain Pilon. Son parvis est une riche mosaïque de différentes espèces de marbre.

VESTIBULE DES GRANDS APPARTEMENTS. — Cette pièce est remarquable par ses six portes sculptées d'un style tout à fait sévère.

GALERIE DES ASSIETTES — Ainsi nommée à cause d'une quantité d'assiettes en porcelaine de Sèvres, placées d'une manière toute particulière sur les lambris dorés qui recouvrent les murs de cette jolie petite galerie, et sur lesquelles on voit de gracieuses et fines peintures représentant des monuments français, des vues du Palais et de la Forêt de Fontainebleau. Mais on remarque principalement dans cette pièce une vingtaine de tableaux peints par le célèbre Ambroise Dubois.

APPARTEMENT DES REINES-MÈRES. — Nommé ainsi,

parce que jadis il était destiné aux reines-douairières. Sous l'empire il fut occupé par Pie VII, lors de sa captivité, de 1812 à 1814. Sous le règne de Louis-Philippe, c'était le pied à terre du duc et de la duchesse d'Orléans. Il se compose de dix pièces magnifiquement décorées et richement meublées. On y remarque des tableaux de Vien, maître de David, de Coypel, de Mignard, de Valayer, de Sauvage, de Lancret, de Justin Ouvrié, etc., etc. Puis de superbes tapisseries des Gobelins.

GALERIE DE FRANÇOIS Iᵉʳ. — Cette galerie, actuellement en pleine restauration, a soixante mètres de longueur sur six de largeur. Les peintures à fresque qui en font la principale décoration, se composent de quatorze grands tableaux entourés d'immenses et magnifiques bas-reliefs en stuc. Ces grandes compositions, œuvres du célèbre Rosso, peintre de l'école italienne, sont autant d'allégories qui rappellent les victoires, les revers et les amours de François Iᵉʳ.

APPARTEMENTS DU ROI.

ANTICHAMBRE. — Deux tableaux remarquables, un surtout qui représente une Sainte-Famille de Raphël, et l'autre la leçon de flûte, par Lancret.

CABINETS DE TRAVAIL. — Deux pièces très élégamment meublées, et dont l'une possède un délicieux tableau de fleurs, par Van Spaendonck.

SALLE D'ABDICATION. — Pièce éternisée par l'abdication de Napoléon, qu'il signa là, sur une modeste table que l'on voit, recouverte comme pour la dérober, sinon aux regards des visiteurs, mais aux mains indiscrètes, aux mains toujours prêtes à profaner les plus belles choses.

AUTRE CABINET DE TRAVAIL. — Le tableau que l'on voit au plafond est l'œuvre de J.-B. Regnault.

CHAMBRE A COUCHER. — C'était celle de Napoléon. Rien n'y a été changé; le lit, les meubles, sont ceux qui lui servaient. Les peintures, représentant des Amours, sont de Sauvage.

SALON DE FAMILLE, autrefois SALLE DU CONSEIL. — La

magnifique décoration de cette pièce est due à François Boucher, peintre de Louis XV.

SALLE DU TRONE. — La très riche décoration de cette salle date de la fin du règne de Louis XIII et du commencement de celui de Louis XIV, comme l'indiquent les emblèmes de ces deux rois, tels que les massues et les soleils qui sont en grand nombre parmi les ornements. On remarque principalement un magnifique lustre en cristal de roche, qui a coûté plus de cent mille francs! Puis la table du serment des maréchaux, recouverte d'un riche tapis sur lequel on voit les attributs de l'empire.

BOUDOIR DE LA REINE. — Cette jolie petite pièce a été décorée en 1780, pour Marie-Antoinette. Le sujet qui orne le plafond est de Barthélemy.

Les espagnolettes des croisées, d'un travail admirable, sont attribuées à Louis XVI, qui s'exerçait comme on sait à faire de la serrurerie.

CHAMBRE A COUCHER DE LA REINE. — Très belle pièce richement meublée, et dont le plafond est magnifiquement décoré.

SALON DE MUSIQUE. — Le plafond est orné d'un tableau qui représente les Neuf Muses et une Minerve, par Vincent. Les dessus de portes sont de Sauvage.

GALERIE DE DIANE. — Cette galerie de plus de quatre-vingts mètres de longueur fut construite par Henri IV et décorée par Ambroise Dubois. La restauration fut commencée sous le règne de Napoléon et terminée sous Louis XVIII. Cinquante belles compositions peintes à l'huile sur plâtre par MM. Abel de Pujol et Blondel, représentent en grande partie la fabuleuse vie de Diane et d'Apollon. Outre ces nombreuses et belles fictions, on voit dans la Galerie de Diane vingt-cinq tableaux sur toile, plus ou moins estimés. A l'extrémité de la Galerie, on admire un immense et magnifique vase en biscuit de Sèvres.

APPARTEMENTS DE RÉCEPTION.

ESCALIER DE LA REINE. — Plusieurs grands tableaux de chasse peints par Oudry, F. Deportes et Parrochel.

ANTICHAMBRE — On voit dans cette pièce dont le plafond à caissons est magnifique, trois riches panneaux en tapisserie des Gobelins, d'après Coypel, représentant quelques scènes du héros de la Manche.

SALON DES TAPISSERIES. — Il est ainsi nommé à cause des admirables tapisseries qui le décorent et dont la majeure partie vient des manufactures de Flandre. Le plafond de cette pièce est très remarquable.

SALON DE FRANÇOIS Ier. — C'était le salon de famille de ce roi. Les tableaux qui sont au-dessus des trois portes sont de Rouget, le médaillon sur la cheminée est une peinture à fresque du Primatice. Les superbes tapisseries qui décorent en grande partie cette très belle pièce, ont été faites aux Gobelins d'après les dessins de Rouget. Elles représentent plusieurs scènes mémorables de Saint-Louis, de François Ier et de Henri IV.

SALON DE LOUIS XIII. — Ainsi nommé parce que Louis XIII y est né en 1601. Ambroise Dubois qui en exécuta les peintures, a tiré ses sujets du roman grec *Théagène et Chariclée*, œuvre de l'évêque de Trica. C'est dans ce magnifique salon que se voit la première glace qui ait été connue en France, elle fut faite à Venise.

SALLE DE SAINT-LOUIS. — Ce sont deux grandes pièces qui, au moyen de la très grande porte vitrée qui les sépare n'en font pour ainsi dire qu'une; c'était jadis la chambre à coucher de Louis IX. On y remarque un bas-relief en marbre blanc, représentant Henri IV à cheval, par Jacquet, dit Grenoble Plusieurs tableaux décorent cette salle. On y voit une pendule qui est un véritable chef-d'œuvre.

SALLE DES GARDES — C'est l'une des plus belles pièces du Palais. La cheminée en marbre blanc est monumentale et très riche d'ornements. Les lambris, le plafond, la frise et le parquet, tout y est resplendissant et admirable de travail!

SALON DE LOUIS XV. — Très joli boudoir orné de plusieurs tableaux remarquables, dont un du célèbre Primatice représente Diane de Poitiers.

SALLE DE SPECTACLE. — Rien de remarquable que le souvenir qui s'y rattache par la première représentation du *Devin du Village*, en présence de son immortel auteur.

ESCALIER DU ROI. — Les tableaux et les médaillons entourés de dorures, majestueusement encadrés par des bas-reliefs en stuc, sont l'œuvre du Primatice et de Nicollo, qui les ont peints à fresque; ils furent restaurés par MM. Abel de Pujol et Moënch.

APPARTEMENT DE MAINTENON. — Il se compose de trois pièces principales élégamment ornées, couvertes de dorures.

GALERIE DE HENRI II ou SALLE DE BAL. — Cette Galerie bâtie par François Ier et décorée par Henri II, a trente mètres de longueur sur dix de largeur. C'est la plus belle et la plus vaste qu'ait construite la renaissance, dont elle porte au plus haut degré le cachet. Il faudrait un volume pour en comprendre la description. On y admire neuf pages immenses et cinquante-quatre tableaux moins grands, que Primatice et Nicollo nous ont légués et que M. Alaux a dignement restaurés. Tous ces sujets sont empruntés à l'ancienne Mythologie, et pris dans ce qu'elle offre de plus poétique et de plus gracieux.

CHAPELLE DE SAINT-SATURNIN. — Elle a été construite sous Louis VII et rebâtie par François Ier. Sa décoration qui consiste en divers ornements dorés a été faite sous Louis XIII. Les vitraux de couleur viennent de Sèvres, ils ont été faits sur les dessins de Marie d'Orléans, duchesse de Wurtemberg et fille de Louis-Philippe. L'autel est celui sur lequel le pape Pie VII a célébré l'office divin, étant captif à Fontainebleau.

GALERIE DES COLONNES. — Cette vaste pièce d'une décoration sévère avec d'énormes colonnes imitant le stuc, peintes en vert de mer, a été construite depuis 1830, sous le règne de Louis-Philippe. Ses principaux ornemens sont ceux du plafond à caissons, et ceux des portes modelées d'après celles du Louvre.

VESTIBULE DE SAINT-LOUIS. — Il est remarquable par son style gothique et les statues qui le décorent.

COUR OVALE ou DU DONJON. — Cette cour, la plus ancienne du Palais, a soixante-dix-sept mètres de longueur sur trente-huit de largeur. Elle comprenait jadis tout le Château. Le style d'architecture des édifices qui l'entourent est très remarquable d'élégance et de compositions diverses. On y distingue principalement le péristyle de l'Escalier de la Reine, mais surtout le Baptistère de Louis XIII. C'est sous la coupole qui surmonte cet édifice que fut baptisé le Dauphin, en 1606.

COUR DE LA FONTAINE. — C'est la plus régulière et la plus jolie par la magnificence des constructions qui l'encadrent et dont l'ensemble se mire dans les eaux limpides du vaste étang qui la limite du côté sud. Mais ce qui ajoute au charme du visiteur, c'est le délicieux point de vue dont on y jouit et qui se projette par delà les eaux, vers les ombrages du jardin Anglais et de l'avenue de Maintenon.

COUR DE HENRI IV. — Ainsi nommée parce que les bâtiments qui l'entourent furent construits par Henri IV. Elle a quatre-vingts mètres sur chaque façade, dont trois se composent de dix-sept pavillons à peu près uniformes et d'une architecture assez simple.

La chose la plus remarquable que présentent les contructions de cette cour, c'est le portail donnant sur la place d'Armes, portail dont la hauteur est de vingt-cinq mètres, et qui est l'un des plus beaux morceaux d'architecture du Palais de Fontainebleau.

PORTE-DORÉE. — Appelée ainsi à cause de la profusion de dorures dont elle brille. Sa décoration consiste en huit grands tableaux peints à fresque, par Nicollo, d'après les dessins du Primatice. Le millésime de 1528, ainsi que la salamandre que l'on remarque parmi les ornemens qui décorent ce magnifique passage, indiquent suffisamment que la construction appartient au règne de François Ier.

JARDIN ANGLAIS. — Ce fut jadis une forêt de broussailles que Napoléon fit transformer comme nous le voyons aujourd'hui. Là était la célèbre fontaine *Belle-Eau* à qui le château et la ville de Fontainebleau doivent leur nom, et dont malheureusement la source a été en grande partie perdue lors des travaux hydrauliques qui y furent exécutés sous l'empire.

La superficie de ce jardin est de seize hectares distribués et plantés de la manière la plus gracieuse, et dont les bosquets, les allées aux suaves et frais ombrages offrent les promenades les plus agréables et les plus délicieuses.

JARDIN DE DIANE. — Ainsi nommé, à cause d'une Diane-Chasseresse en bronze, qui décore la magnifique fontaine que l'on voit dans ce jardin. Il est à regretter que cet Éden non moins délicieux à parcourir que le précédent soit enfermé d'une haute et hideuse muraille qui en interdit la vue du côté de la ville. Puissions-nous, dans l'intérêt de la localité comme pour l'agrément des voyageurs, la voir bientôt disparaître cette affreuse muraille!

PARTERRE. — C'est un carré d'environ trois hectares, enfermé du côté nord par les façades extérieures de la cour du Donjon et de la cour de Henri IV, et au midi par les fossés du Bréau; à l'ouest par la magnifique avenue de Maintenon, et à l'est par le perron et les grilles donnant sur le parc. Deux pièces d'eau qui décorent l'intérieur du parterre sont le bassin de Romulus et celui du Tibre. Celui-ci est alimenté par une vasque, sorte de pot bouillant dont le jet est assez abondant. Les tilleuls qui ombragent la terrasse dans tout son pourtour forment une promenade très agréable.

AVENUE DE MAINTENON. — Elle correspond de la Porte-Dorée au mail de Henri IV, et sépare le parterre de l'étang, très belle pièce d'eau où se voient des carpes monstrueuses toujours prêtes à engloutir le pain et les gâteaux qu'à chaque instant les promeneurs leur jettent.

PARC. — C'est Henri IV qui a acquis le vaste terrain sur lequel le parc a été établi, et dont la contenance est d'environ quatre-vingt-quatre hectares. C'est lui qui a fait creuser et entourer le canal de murs en gresserie. Il comprend douze cents mètres de longueur sur quarante de largeur. Aux bâtiments ainsi qu'à la longue muraille qui limitent le parc vers le nord est adaptée la fameuse treille que Louis XV fit planter, et dont la longueur excède quatorze cents mètres.

Mais ce qui orne le plus majestueusement le parc ce sont les vieilles et hautes avenues qui le croisent dans tous les sens.

Maintenant que nous avons indiqué tout ce qu'il y a d'éminemment remarquable dans le palais et ses dépendances, passons aux sites charmants qui l'environnent.

Promenade au Rocher d'Avon.

Aller et retour, 7 kilomètres.

ITINÉRAIRE.

Voici une promenade des moins longues et en même temps des plus intéressantes. Rochers, grottes, labyrinthes, points de vue délicieux, édifices, jardins féériques, parc aux frais ombrages, belles pièces d'eau ; tout y abonde, tout y plaît, tout y charme les yeux, surtout depuis la création des coquets et capricieux sentiers que par là aussi nous avons créés.

Partez de Fontainebleau par le Palais, c'est à dire par la cour des Adieux, la cour de la Fontaine et la magnifique avenue de Maintenon en passant devant la Porte-Dorée. N'oubliez pas de donner un coup d'œil sur le parterre à votre gauche, et sur l'étang à votre droite, où vous verrez ces fameuses carpes dont nous avons parlé plus haut.

Ayant parcouru l'avenue de Maintenon jusqu'au de-là de la grille et franchi la route de Moret, prenez immédiatement à gauche une route de chasse qui pénètre sous les ombrages de la forêt. A peine l'aurez-vous suivie quelques instants que vous arriverez sur un carrefour de sept routes. C'est le carrefour de Sénancourt. Franchissez-le, en laissant deux routes à votre gauche, et dirigez-vous conformément à nos flèches bleues. Alors vous allez aborder la naissance du rocher d'Avon et bientôt votre chemin va devenir moins large et moins direct ; bientôt aussi vous apparaîtront nos numéros, signalant à votre attention les choses les plus remarquables, entr'autres : un premier beau groupe de grès, 1 (1); autre groupe bien plus curieux encore où l'on voit la Femme qui dort et l'Homme qui veille, 2 ;

(1) Il ne faudra pas avoir égard aux noms écrits sur les roches, et qui ne s'accorderaient pas avec nos indications.

grotte et rocher de la Biche Blanche, 3 ; une masse de grès fendue par la foudre, 4 ; suite de rochers et de capricieux passages formant une sorte de labyrinthe tantôt couvert, tantôt à ciel ouvert, 5, 6 et 7 ; banc et station du père Guimbal, 8 ; sentier gravissant la montagne de Louis VII, 9 ; rocher et bel-véder couronnant cette montagne, et d'où l'on jouit du point de vue le plus pittoresque de la forêt de Fontainebleau, 10 et 11 ; sentier d'Augusta, descendant vers l'antre de Vulcain, 12 ; entrée de cet autre formé d'énormes et imposantes masses de grès, 13 ; grotte et rocher de Stéphane, 14 ; autres et passages de la petite Thébaïde, 15 ; les Titans, suite et réunion de roches remarquables autant par leur volumineuse masse que par leurs formes fantastiques, 16 ; la retraite du père Dan, sorte d'impasse formé de grès imposants, 17 ; le belvéder de Marie, l'un des très beaux points de vue de la promenade, 18.

Nota. Ici, deux sentiers s'offrent à votre choix : tous deux arrivent au même but, c'est à dire à la roche signalée par le numéro 25, roche dont la forme bizarre a quelque chose de la tortue. En prenant le sentier à droite on arrivera en peu d'instants et sans fatigue près cette roche, n° 25, et l'on évitera quatre ou cinq cents mètres d'un trajet assez rude et peu commode aux personnes qui n'ont point l'habitude des excursions rustiques, mais aussi on aura à voir en moins une suite de rochers et d'antres très imposants, très remarquables dont les principaux groupes sont signalés par les numéros 19, 20, 21, 22, 23 et 24.

Etant parvenu au n° 25, soit par l'un ou l'autre des deux sentiers, vous ne tarderez pas à arriver au bord d'une carrière. C'est la Carrière au Sable d'Or, ainsi nommée, parce que c'est la seule où le sable se trouve mélangé de paillettes imitant l'or. Continuez le sentier selon nos flèches indicatives, et vous allez vous trouver au pied de la Dame-Jeanne, pierre gigantesque surmontée d'un autre grès moins volumineux. De cette grande pierre, marquée du n° 26, le sentier et les flèches vous conduiront en peu d'instants près la roche 27 indiquée comme jalon, signalant l'abord de la plate-forme du sommet central du rocher d'Avon. Cette plate-forme, d'où l'on jouit d'un très beau point de vue sur toutes les directions, est appelée la Belle Place et la Table des Pins. On la nomme aussi le Mont Louis-Philippe, parce que ce roi en fit l'ascension dans les premiers temps de son règne.

Traversez cette plate-forme, et bientôt en descendant vers le sud-est, vous vous retrouverez parmi d'énormes et monstrueuses masses de grès, principalement à l'endroit où se voit le n° 28. On les appelle les Muses à Bournet. Après avoir sillonné les antres formés par ces grandes roches et continué une ou deux minutes la promenade, le n° 29 vous signalera un nouveau et très beau point de vue. C'est le dernier du Rocher d'Avon ; il en clôt dignement l'exploration. Rentrez sur le sentier et suivez-le dans sa pittoresque courbure, pour voir la fin de cette longue suite de sites charmants. En cheminant, jetez un regard sur votre droite, et vous verrez que le n° 30 vous signale d'assez belles roches encore.

Tout à l'heure votre chemin va se diviser en deux ; prenez à gauche, et en peu d'instants, vous vous trouverez tout à fait au bas des rochers et à l'entrée d'un bois dont les ombrages et le sol uni font une agréable diversion, surtout quand on sort de parcourir et d'explorer tant de sites agrestes, tant d'âpres rochers, tant de rudes et capricieux chemins.....

Donc, étant parvenu à la fin du féérique trajet du rocher d'Avon et à l'entrée d'un beau taillis, vous traverserez un carrefour de cinq routes en continuant votre marche par celle marquée de notre signe. C'est une belle route de chasse qui traverse la route de Moret et va directement aboutir au treillage du chemin de fer, près le rendez-vous de la fête d'Avon.

Etant arrivé là, tout contre le chemin de fer, prenez à votre gauche la route qui pénètre sous les ombrages des arbres séculaires qui décorent le rendez-vous dont il vient d'être parlé. Le plus remarquable de ces arbres porte le n° 31.

Continuez votre marche vers le village d'Avon, dont les maisons s'offrent à vos regards à quelques centaines de pas. Parvenu sur le carrefour où se voit une humble croix, dirigez-vous à droite du côté de l'église, vieux et modeste monument que vous pourrez, si bon vous semble, visiter en passant. Sa pauvre et rustique architecture, ses murailles épaisses et assombries par les siècles ; les tombes; les débris de pierres tumulaires qui recouvrent la cendre d'illustres morts, tout cela ne peut qu'ajouter aux impressions de la promenade, surtout en voyant l'épitaphe de l'infortuné Monaldeschi, cette victime immolée si atrocement par Christine de Suède!

Du village d'Avon, l'on rentre à Fontainebleau par le parc du Palais dont l'entrée par là est à peu de distance. Mais une fois entré, au lieu de suivre la belle et très grande avenue qui tout d'abord vous séduira par la beauté de ses arbres comme par ses frais ombrages, prenez à gauche pour aller gagner l'allée qui ombrage la plante-bande nord du canal, et qui vous conduira droit au pied des anciennes cascades et de là au parterre, d'où vous rentrerez en ville par la place d'Armes. De cette manière vous aurez accompli parfaitement la promenade au rocher d'Avon, et évité les émanations infectes du ruisseau qui longe la grande et belle avenue dont il vient d'être fait mention.

Promenade au Rocher Mont-Aigu.

Aller et retour, 7 kilomètres.

ITINÉRAIRE.

Le rocher Mont-Aigu, cette montagne de forme conique, avec ses imposantes masses de grès et ses ravissants points de vue, est certainement l'un des plus charmants buts de promenade de la forêt de Fontainebleau, d'autant mieux que par là aussi nous avons nous-même fait serpenter plusieurs kilomètres de jolis sentiers qui permettent d'y arriver beaucoup plus facilement et plus agréablement qu'autrefois.

Cette intéressante promenade s'effectue en partant de Fontainebleau par la barrière de la Fourche. Parvenu là, deux grandes routes s'offrent en vue; la principale, à droite, est celle de Paris, et à gauche, celle de Fleury. Il faudra vous diriger par celle-ci, ou plutôt par le sentier qui en longe sous bois le côté gauche, et dont l'entrée est signalée par une de nos flèches bleues, peinte sur l'écorce d'un orme.

Suivez ce sentier l'espace d'un kilomètre, c'est à dire jusqu'au deuxième carrefour ou croisement de plusieurs chemins. Ici, vous laissez deux routes à votre gauche pour gravir le Mont-Fessas par un sentier qui se dessine légèrement sous les ombrages d'une jeune et claire futaie dont les arbres arbritent un bois bien plus jeune Continuez à gravir, et bientôt vous arriverez sur le plateau et sur un carrefour que vous traverserez en laissant deux routes à votre gauche. Quelques instants après avoir parcouru le plateau, vous parviendrez sur un autre carrefour que vous franchirez en laissant trois routes à votre droite et une à votre gauche, pour retrouver notre étroit et sinueux sentier, dont l'entrée de ce côté n'est point indiquée par une flèche, mais par de simples marques bleues ; la flèche que l'on voit peinte sur un chêne indique le chemin à suivre pour la promenade de Franchard.

Donc, ayant traversé ce carrefour et retrouvé, ainsi qu'il vient d'être dit, notre petit sentier, il vous conduira immédiatement sur le bord méridional du plateau d'où vous commencerez à jouir d'une assez belle vue. Descendez ce sentier en longeant la côte et en coupant un chemin, pour déboucher bientôt sur une petite route cavalière bien ombragée qui vous conduira en peu d'instants au pied du Mont-Aigu, sur un carrefour entouré de pins du nord à l'écorce jaune. Coupez ce carrefour, en laissant deux routes à votre gauche et autant à votre droite, pour suivre celle qui contourne la base de la montagne.

Vous voici tout à l'heure sur une rotonde étoilée par sept routes délicieusement ombragées. Prenez la première à votre gauche, et parcourez-la quelques centaines de pas en négligeant tout chemin à droite comme à gauche. Vous allez gravir en pente assez douce et en peu d'instants le montoir qui sépare le grand du petit Mont-Aigu. Parvenu à l'endroit où votre chemin avec un autre forme le T, précisément sous quatre pins un peu plus remarquables que les autres, dirigez-vous à gauche par le beau sentier qui contourne en spirale le grand Mont-Aigu jusques sur son sommet. Négligez toute espèce de chemin sur votre droite, mais remarquez les belles roches et les charmants points de vue qui s'offrent à vos regards, en attendant que tout à l'heure la cîme de la montagne vous en montre de plus admirables encore.

Parvenu sur le haut du Mont-Aigu, parcourez-en les diverses issues entre les énormes masses de grès qui le décorent, et dont les formes bizarres et fantastiques offrent toutes sortes de ressemblances vraies ou fabuleuses. Mais ce qui plaît davantage par là, ce sont les points de vue dont on y jouit sur toutes les directions.

Après cette ravissante ascension, reprenez la direction de nos flèches en passant près la roche du Tonnerre, grès que la foudre a partagé et renversé. Nous l'avons marqué du n° 2. En descendant, vous suivrez le chemin qui contourne exactement la montagne, en laissant tout autre chemin sur votre gauche.

Parvenu au bas des rochers, coupez une route pour retrouver l'étroit et doux sentier que nous avons ouvert parmi les ombrages du versant méridional du Mont-Fessas, et qui à l'aide de nos flèches vous ramènera sans coup férir à Fontainebleau ; mais dans le cas où la malveillance les aurait fait disparaître, ce qui n'arrive que trop souvent, nous allons vous indiquer moins sommairement le trajet qui vous reste à parcourir : suivez notre sinueux sentier en coupant plusieurs routes de chasses, pendant dix minutes, et vous aboutirez sur un carrefour de quatre routes. Traversez-le, en en laissant une à votre droite pour arriver bientôt sur un croisement de chemins plus mauvais, plus sablonneux. Ici, laissez trois routes à votre droite et une à votre gauche pour prendre un sentier parallèle à l'une de ces routes. Suivez-le quelques centaines de pas et vous aurez accompli parfaitement et très délicieusement la promenade du Mont-Aigu.

NOTA. — Si les promenades qui précèdent sont éminemment pittoresques et délicieuses à parcourir, celle dont l'itinéraire suit est bien autrement intéressante et plus ravissante. Elle offrira à vos regards charmés, non-seulement des rochers parés de mousses et de lichen, non-seulement de magnifiques genevriers, mais vous y parcourrez de majestueuses et imposantes futaies, déjà vieilles du temps de François Ier, et dont les hôtes les plus remarquables attestent jusqu'à dix siècles d'existence !

Oui, la promenade à la vallée de la Solle telle que nous en donnons ci-après l'itinéraire, résume parfaitement les beautés pittoresques de la forêt.

Promenade à la Vallée de la Solle,

Par la Tillaie et retour par le Mont-Chauvet, le rocher des Deux Sœurs et l'antique futaie du Gros-Fouteau.

Aller et retour, 10 kil.

ITINÉRAIRE.

Partez de Fontainebleau par la barrière de Paris, appelée *barrière de la Fourche*. De ce point deux routes s'offrent en vue : la principale à votre droite est celle de Paris, il faudra vous diriger par là ou plutôt par le sentier qui en longe la rive gauche entre les ormes qui la bordent et le jeune bois taillis de *la pointe*. Parcourez cette lisière ombragée pendant quelques minutes, c'est à dire jusques vers le pied de la côte, pour prendre à gauche un sentier plus étroit qui pénètre dans le bois en serpentant légèrement et en s'éloignant insensiblement de la grande route, suivez-en les sinueuses courbures conformément aux flèches bleues que nous avons peintes sur le tronc des arbres, et en coupant plusieurs routes de chasse, mais toujours en cheminant sous de délicieux ombrages. Bientôt votre sentier va devenir plus direct et moins étroit pendant quelques centaines de pas, ensuite il incline à droite pour reprendre ses sinuosités qu'il faut suivre en coupant encore plusieurs routes de chasse, et l'on ne tardera pas à s'embrancher dans un chemin plus spacieux et ombragé par un bois plus beau, plus attrayant : c'est l'entrée de la Gorge aux Chevreuils, située au sud de la *Fosse-à-Rateau*. Cette gorge, sans être rocheuse, est assez bien encaissée et agréablement solitaire.

Quelques cent pas encore et vous parviendrez sur le plateau, en traversant un chemin, pour pénétrer immédiatement sous les voûtes plus élevées et plus sévères d'une antique futaie appelée la *Tillaie*.

Lorsque vous en aurez parcouru le sentier deux ou trois minutes, les arbres vous apparaîtront plus hauts, plus imposants ; mais tout à l'heure vous allez passer au pied de deux véritables colosses, signalés par les numéros 1 et 2 ; le premier est le *Condé* et l'autre le *Turenne*, un peu plus loin vous déboucherez sur un carrefour de cinq à six routes, d'où s'élance l'arbre le plus haut et le plus droit de la forêt. C'était jadis l'*arbre à Pinguet*, parce qu'après avoir été compris dans une vente adjugée par là au marchand de bois nommé Pinguet, il fut néanmoins conservé malgré toutes les instances dudit marchand de bois, qui intenta vainement un procès à l'administration forestière.

Sous la restauration, on lui donna le nom de *Bouquet du Roi* qu'il porte encore aujourd'hui, sous la république.

Du pied du Bouquet du Roi dirigez-vous à droite par la route qui s'en éloigne le moins et qui, après un circuit d'une centaine de pas, vous conduira en traversant un autre chemin, au pied du *Pharamond*, chêne moins droit, moins élégant, mais plus colossal et sept à huit fois séculaire, et dont les racines saillantes hors du sol et l'imposante masse au front chauve et aux flancs sillonnés par la foudre, composent une étude digne de nos grands paysagistes.

A peine aurez-vous contourné ce doyen des vieux hôtes de nos bois, que vous allez vous trouver entre deux autres géants, non moins imposants par leur masse, mais encore pleins de vie et d'avenir. On les appelle tantôt les *Deux-Frères*, tantôt les *Deux-Jumeaux*, puis le *Hoche* et le *Marceau*. Nous acceptons, nous préférons ce baptême, parce qu'il rappelle deux noms aussi grands, aussi beaux que ces admirables chênes. Nous les avons marqués des numéros 5 et 6. Coupez le chemin qui les sépare pour reprendre notre féérique sentier et continuer la promenade par une foule d'autres magnifiques arbres, entre autres, le Buffon, le Danaüs, mais surtout le chêne de *Notre-Dame-des-Bois*, signalé par le numéro 10.

Encore quelques minutes de marche et vous arriverez sur le travers d'une route de chasse entre la futaie et un jeune taillis. Ne traversez pas cette route, mais suivez-la à droite en vous éloignant du sentier et des flèches, vu que ce sentier et ces flèches conduisent aux gorges d'Apremont. Donc en suivant la route de chasse à droite, vous allez aborder la route de Paris ; coupez-la directement en prenant un chemin qui va aboutir sur un carrefour de cinq à six routes. Vous le traverserez en en laissant deux à votre gauche et sans avoir égard aux flèches que vous allez revoir ; immédiatement vous vous trouverez sur un chemin de descente délicieusement encaissé entre deux collines de rochers parés de mousse et de lichen, et d'où s'élancent capricieusement des hêtres, des chênes, des houx et toutes espèces d'autres végétaux dont l'aspect et les frais ombrages vous plairont mieux encore que les imposantes et romantiques solitudes de tout à l'heure.

Continuez cette ravissante descente aux Gorges de la Solle pour la trouver à chaque pas plus pittoresque et plus intéressante à parcourir ; vous allez rencontrer au beau milieu du chemin une roche longue et à la tête altière, c'est le *Sphinx de la Solle*. Immédiatement après cette roche, vous passerez près d'un magnifique genevrier s'élevant pyramidalement : c'est le *Charles Vincent*, nom du Béranger de Fontainebleau, à qui nous l'avons consacré. Un peu plus loin vous arriverez sur un carrefour de quatre à cinq routes que vous traverserez en prenant celle à droite ; contiguës à ce carrefour se montrent quelques belles roches ombragées par des hêtres non moins beaux. Cet endroit est la station de *Gilberte*, nom qui nous rappelle une femme au noble cœur. Suivez toujours votre chemin gracieusement bordé d'arbres et de rochers, tout à l'heure, après avoir un peu gravi et descendu en contournant l'agreste colline, vous passerez sous un assez beau bouleau fortement incliné sur le chemin.

A deux pas au-delà se présente un sentier à droite, et immédiatement un autre un peu plus large qui fait face aux *Trois-Frères de la Solle*, groupe de chênes séculaires que vous remarquerez à votre gauche sur le bord de la route de calèche que vous parcourez ; c'est ce deuxième sentier que vous devez prendre pour revenir vers Fontainebleau. Il conduit sur le haut du Mont-Chauvet, précisément à la fontaine de ce nom. Mais avant de vous diriger de ce côté vous pourrez, si bon vous semble, explorer quelque peu les abords du Rendez-Vous de la Solle, car c'est l'un des sites les plus pittoresques et les plus intéressants de la forêt de Fontainebleau, c'est là, que pendant la belle saison, les amateurs de parties de plaisir et de fêtes champêtres vont de préférence, c'est par là que l'on respire, sous des bocages charmants de fraîcheur et d'ombrages, l'aromatique parfum des serpolets, des genevriers et autres plantes sauvages de nos beaux déserts... C'est par là que l'on admire des arbres magnifiques de forme et d'aspect, notamment le *Charlot*, chêne rustique s'élançant d'un groupe de grès tapissé de verte et soyeuse mousse; puis non loin de là le *Marie-Adèle*, hêtre élégant, coquet et gracieux comme le sexe de la personne dont il porte le nom. Citons aussi parmi les burgraves qui décorent ce délicieux coin de la forêt, le *petit* et le *grand Bouquet* de la Solle, hêtres également très beaux et très remarquables.

Or, après avoir exploré ce site, qui est précisément le *Rendez-vous de la Solle*, revenez sur la route de calèche jusqu'au pied des Trois-Frères, prendre le chemin qui se trouve en face; il vous conduira, ainsi que nous l'avons dit, sur le haut du Mont-Chauvet, où vous trouverez près la fontaine une modeste femme qui, outre de l'eau, vous offrira quelques autres rafraîchissements.

Mais en parcourant, en gravissant les quatre cents pas qui vous séparent de cette fontaine, quel trajet! quels délicieux sites vous allez avoir à parcourir et à contempler! les collines, les montagnes qui forment la gorge où vous pénétrez se composent d'un pêle-mêle d'arbres et de rochers des plus pittoresques et des plus imposants, principalement sur la gauche du sentier, où se montrent d'énormes masses de grès, entre autres la *Roche de la Dame-Blanche*, avec son ouverture béante; puis plus rapproché du sentier, le *Men-Hirr*, grès pyramidal accompagné d'un magnifique genevrier.

Etant parvenu sur le haut du Mont-Chauvet, consacrez quelques instants au très beau point de vue ainsi qu'aux autres belles roches qui avoisinent la fontaine et parmi lesquelles vous verrez le *Char des-Fées*, signalé par le numéro 6, et tout près de là, la mystérieuse grotte de *Paul et Victorine*.

De la fontaine du Mont-Chauvet abordez le plateau que vous parcourrez en prenant à droite la route de calèche, anciennement nommée *Route de la Reine-Amélie*, et aujourd'hui appelée *Route tournante des hauteurs de la Solle*.

Le trajet de quelques instants que vous allez parcourir, va offrir à vos regards déjà émerveillés, une suite de belles choses encore; des arbres magnifiques, des points de vue admirables! C'est tout d'abord sur votre gauche le *Chêne de la Cigogne*, ainsi nommé parce qu'une cigogne est venue s'abattre et mourir sur

sa cime il y a quelques années ; un instant après vous passerez
au pied d'un chêne autrement remarquable et portant le numéro 5, c'est le *Samson*, formant d'une manière imposante le
premier plan d'un très beau point de vue ; plus loin, après avoir
admiré d'autres points de vue, vous contemplerez le *Béranger*,
hêtre superbe et le plus beau de la forêt, nous l'avons marqué
du numéro 4 ; ensuite vous passerez près des *Trois-Unis*, bouquet de hêtres singulièrement entrelacés et consacré, dit-on,
à trois amies du nom de *Clémence, Othile* et *Sophie*.

Après les Trois-Unis, c'est encore un charmant point de vue sur la
Vallée de la Solle et par-delà ; immédiatement vous allez quitter
la route de calèche en prenant à droite un sentier qui descend
et vous conduira au rocher des *Deux-Sœurs*, et dont le trajet
d'environ cinq à six cents pas est, selon nous le *nec plus ultrà*
des sentiers de la forêt de Fontainebleau. Parcourez ce féérique
chemin dans tous ses saisissants détours jusqu'au romantique
rocher qui vient d'être nommé, en négligeant tout autre sentier
qui s'offrirait à votre gauche. Oh ! en effet, c'est bien là un chemin des plus suavement pittoresques ! les roches y sont si bien
accidentées, si bien parées de mousse et de lichen, et surtout
si bien ombragées par des houx, des genevriers, des hêtres aux
doux feuillages et de rustiques chênes... mais ces couloirs solitaires et mystérieux parmi les plus belles ruines du déluge !
mais ces nouvelles et très délicieuses échappées de vue ! mais
à chaque instant, à chaque pas un site merveilleux, un magi-
que tableau !...

Parmi les mille curieux accidents qui remplissent et composent les gracieux et capricieux détours de ce coquet sentier,
nous nous bornerons à citer le *Rocher Larminat*, groupe imposant ombragé par des hêtres et d'où s'échappe une vue ravissante ; le *Chéne d'Auguste Luchet*, arbre posté là sur un roc,
en sentinelle d'avant-garde, semblant vouloir à la fois conjurer
et défier la foudre, dont il est déjà tout sillonné ; la galerie du
rocher *Jean-Jacques Rousseau*, lieu solitaire passablement romantique, à la sortie de laquelle se dresse noblement l'*Actéon*,
hêtre séculaire d'une belle force ; la *descente à la station des
Paysagistes*, endroit situé dans une petite gorge dont le pêle-
mêle de rochers et d'arbres est d'un aspect éminemment pittoresque. Etant parvenu sur l'espèce de petite place qui compose
cette station d'artistes, ne descendez pas plus bas, mais conti-

nuez le sentier qui contourne en contre-bas le sommet de la colline et vous allez jouir d'un nouveau et très beau point de vue sur toute la Vallée de la Solle et sur une vaste étendue de nos déserts; suivez quelques pas encore cette galerie aérienne pour pénétrer ensuite au rocher des Deux-Sœurs, que vous reconnaîtrez par l'inscription qu'il porte; continuez, et bientôt vous quitterez les rochers pour vous retrouver sur le haut du plateau et sur un chemin de voiture; en le suivant quelques pas on arrive sur une route qu'il faudra suivre en prenant à votre gauche. Après cinq minutes de marche vous voici sur un carrefour étoilé par sept routes, vous le franchirez en en laissant une à votre droite; celle que vous aurez prise se poursuit en ligne droite vers Fontainebleau, en traversant un bois taillis et ensuite la très vieille futaie dite du *Gros-Fouteau*. Quelle délicieuse et romantique solitude encore par ici! que d'arbres magnifiques et imposants! entre autres le *Jazet*, le *Bison*, le *Charles Rivière*, le *Hardy*, le *Superbe*, le *Jean-Bart*, le *Fourchu*, le *Rustique*, mais surtout les *Trois Hercules*.

Après avoir suivi, en coupant un carrefour de six routes, celle qui parcourt dans sa plus belle partie ce jardin planté d'arbres séculaires, vous arriverez sur le carrefour de la Butte-aux-Aires, justement à l'extrémité de ce bois sacré; coupez ce carrefour en laissant une route à votre droite pour cheminer encore sous de frais et charmants ombrages, entre un jeune taillis à votre gauche et, à votre droite, un dernier coin de haute futaie. Avancez toujours jusqu'au-delà de la *Chaise à Christine de Suède*, chêne dont le tronc divisé forme une espèce de siège; prenez ensuite à gauche le sentier qui pénètre dans le taillis, il vous conduira immédiatement sur l'ancienne route du Roi; vous la suivrez à droite pour descendre la Butte-aux-Aires et jouir de plusieurs belles échappées de vue sur Fontainebleau ainsi que sur les vallées et les rochers qui l'environnent.

Encore dix minutes de marche et vous aurez accompli la promenade de la Vallée de la Solle, promenade qui, nous le répétons, est la plus agréable et la plus délicieuse à parcourir à pied.

Nous allons maintenant tracer l'itinéraire d'une promenade où l'on peut, comme nous l'avons dit plus haut, se donner alternativement les joies de la voiture et le plaisir d'explorer la forêt à pied.

Et en effet, parcourir en équipage nos imposantes et belles futaies, les hauts-bords de nos gorges et de nos vallées jalonnés de ravissants points de vue, puis çà et là mettre pied à terre pour explorer nos déserts, nos rochers dans tout ce qu'ils renferment de plus mystérieux et de plus saisissant, c'est là, disons-nous, la véritable manière pour visiter très agréablement et parfaitement la forêt de Fontainebleau, car ainsi on la parcourt non-seulement sans peine, mais en beaucoup d'endroits en peu de temps.

Disons que, si à l'égard de cette grande et belle promenade, parcourable mi en voiture, mi-pédestrement, la marche à suivre n'est pas indiquée avec autant de détails que pour les promenades uniquement parcourables à pied, c'est parce que les routes de la forêt étant sujettes à d'horribles dégradations par suite de l'enlèvement des bois et des grès, il arrive que les cochers sont souvent obligés, pour parvenir à nos sites, de dévier plus ou moins de la direction qui devrait être suivie, et, qu'en conséquence, vouloir leur tracer leur chemin d'une manière détaillée et absolue, ce serait non-seulement chose inutile, mais un embarras; le mieux à faire en ceci, c'est d'indiquer sommairement tous les sites, tous les endroits remarquables de la promenade, bien certain que tout conducteur adroit et connaissant bien la forêt trouvera toujours le moyen d'arriver sans encombre au but désiré.

Ajoutons que cette promenade sans rivale est combinée de manière à pouvoir en limiter le parcours selon le temps qu'on veut y consacrer, sans pour cela qu'elle semble imparfaitement effectuée.

On peut en abréger le trajet en rentrant directement vers Fontainebleau, soit après l'avoir parcourue jusqu'au rocher du Fort-des-Moulins, ou jusqu'à la fontaine du Mont-Chauvet seulement. Toutefois nous allons en tracer tout son admirable développement, qui est de trente kilomètres, non compris les quatre à cinq kilomètres de charmants sentiers que l'on parcourt à pied et qui en forment les délices. Pour la parcourir en totalité il faut sept à huit heures et de bons chevaux.

La plus charmante promenade en voiture

DE

LA FORÊT DE FONTAINEBLEAU.

ITINÉRAIRE.

Barrière de la Fourche. — Chemin de Fleury. — Cèdre des ventes de Franchard. — Belvéder de la Gorge-aux-Merisiers. — Ruines du monastère de Franchard. Ici on mettra pied à terre pour aller visiter les gorges, par le féérique Sentier des Druides, qui n'a pas moins de trois kilomètres de développement, comprenant une suite non interrompue de curieux accidents et d'imposants points de vue parmi un déluge de rochers de toutes formes et de tous volumes.

Ce merveilleux sentier, qu'il faut parcourir à l'aide de la petite carte ci-jointe, se compose de trois sections :

La première, communiquant des ruines au carrefour des gorges de Franchard, comprend vingt-quatre sites dont les plus remarquables sont : l'entrée des gorges entre la Roche-qui-Pleure et le rocher des Ermites, le point de vue de la Petite-Galerie, le couloir du Genevrier-Séculaire, l'antre du Ricochet, roche et grotte de Philippe-Auguste, passage et roches de Diane de Poitiers, le point de vue ensuite, le tunel de la roche Moloch et le passage de Marie.

La deuxième section, communiquant du carrefour des gorges à la route des Chasseurs, comprend quatorze sites parmi lesquels se remarquent principalement la Grande Roche, un point de vue vers l'ouest, le tunel de la roche du Héron, le belvéder des Druides, la galerie du rocher Déchiré, l'antre des Druides, point de vue ensuite et passage de l'Équerre, point de vue sur le plateau du rocher des Druides, antre et passage dans les fissures imposantes du rocher des Druides, descente vers la route des Chasseurs par l'arche des Druides.

La troisième section, communiquant de la route des Chasseurs à l'habitation de Franchard, et qui est la plus intéressante, comprend vingt-huit sites dont les plus remarquables sont : le rocher et le chêne de Gabrielle d'Estrées, la galerie de Sully, le point de vue du rocher de Henri IV, trajet le long d'imposantes masses de grès, antre et passage du Dragon, redoute et point de vue du dragon, rocher et passage de l'Alisier, gorge et rochers, de la Reine-Blanche, roches et encaissements appelés l'oratoire de Saint-Louis, antre et passage de la biche de l'Empereur, ainsi nommé parce qu'une pauvre biche blessée par Napoléon est venue mourir là, roche et point de vue d'Esther, antre et tunel du rocher Cellini; grotte et rocher du frère Guillaume, premier ermite de Franchard, suite de passages curieusement encaissés dans d'imposantes masses de grès, le grand point de vue des gorges de Franchard, descente entre un pêle-mêle de roches penchées, renversées et menaçantes, passage devant la caverne des gorges de Franchard, passage et point de vue de la gorge du Petit-Chaos.

Combien de voyageurs allant à Franchard pour en visiter les gorges, en repartent sans avoir vu la vingtième partie des belles choses que nous venons de citer! mais s'il en est ainsi, c'est parce qu'en venant à Fontainebleau on s'imagine, répétons-le, qu'il s'agit tout simplement d'un bois de Boulogne ou d'un parc de Saint-Cloud et qu'imbu de cette idée, l'on ne daigne pas même prendre la peine de s'informer quels sont les moyens à employer pour visiter convenablement les sites de notre vaste forêt. On hésite à consacrer un franc, soit à un livre, soit à une carte, quand souvent l'on sacrifie dix fois, vingt fois autant à des choses bien moins utiles. Mais qu'importe, pourvu qu'on puisse dire : *J'ai vu Fontainebleau et ses rochers.*

Reprenons le cours de notre charmante promenade et disons que chez le garde de Franchard on trouve quelques rafraîchissements, en attendant qu'un pied-à-terre plus confortable s'établisse par là.

Étant remonté en voiture, dirigez-vous vers le rocher des *Deux-Sœurs*, en parcourant les frais ombrages du Puits-du-Géant et ceux plus sévères, plus grandioses de la Tillaie, magnifique futaie déjà traversée par le sentier allant aux gorges d'Apremont, et dont beaucoup d'arbres étaient déjà vieux sous François Ier.

Parvenu près du rocher des Deux-Sœurs, mettez de nouveau pied à terre pour visiter ce charmant site et parcourir son sentier; les flèches bleues que nous avons peintes par là soit sur les roches, soit sur les arbres, vous serviront parfaitement de guide.

Après cinq à six cents pas d'un trajet délicieux, vous arrivez sur la ci-devant Route-Amélie, appelée aujourd'hui *Route tournante des hauteurs de la Solle,* où vous ferez jonction avec votre équipage pour continuer la promenade sur les hauts-bords de la vallée de la Solle, en passant parmi des hêtres et des chênes très remarquables et près du site où se trouve la fontaine Mont-Chauvet, puis par une suite d'admirables points de vue.

Des hauteurs de la vallée de la Solle on coupe la route de Melun, pour passer sur le plateau ombragé de la Béhourdière, et de là on va gagner la route tournante et les points de vue de la Butte-à-Guay.

En quittant la Butte-à-Guay on vient passer sur le belvéder de la fontaine Désirée, pour se rendre sur les crêtes du rocher du Fort-des-Moulins. Ici vous descendrez une dernière fois de voiture pour parcourir à pied quelques cents mètres de sentiers, ou se trouvent d'énormes et curieuses masses de grès et de délicieux points de vue encore! Parmi toutes ces roches vous en remarquerez une sur la route où il y a une tête de bronze, œuvre idéale de l'un de nos concitoyens, M. Adam-Salomon, sculpteur. Deux pas encore et vous voici près de votre équipage sur la vaste plate-forme qui termine le rocher du Fort-des-Moulins, plate-forme qui fut consacrée à la reine Amélie et d'où l'on jouit d'un point de vue qui clôt dignement la promenade.

Mais si vous avez encore une heure à y ajouter, ne la terminez pas par la détestable et puante route de Valvins, retournez de préférence quelques instants sur vos pas pour revenir en ville par le point de vue du Calvaire, le rond-point de la Croix-d'Augas, les très beaux points de vue du rocher Mont-Ussy et surtout par la magnifique futaie du Gros-Fouteau, à l'extrémité de laquelle vous descendrez le plateau par la ci-devant route du Roi, dont le trajet vous offrira encore quelques délicieux points de vue. De cette manière vous aurez accompli une promenade qui résume parfaitement les beautés pittoresque de la forêt de Fontainebleau, et qui non-seulement vous permettra d'en emporter des souvenirs exacts, mais vous donnera le désir d'y revenir et d'en parcourir toutes les autres promenades et les mille charmants points de vue indiqués dans notre itinéraire général.

Promenade aux Gorges de Franchard.

Développement, 15 kilomètres.

Cette longue et très-curieuse promenade, l'une des plus rocheuses et des plus à découvert, ne devra se parcourir que le matin ou dans l'après-midi, et nullement par un temps chaud, un temps lourd

Son point de départ est la barrière de Paris, barrière dite de *la Fourche*. Parvenu là, deux grandes routes s'offrent en vue : la principale, à votre droite, est celle de Paris, et à gauche celle de Fleury. Il faudra vous diriger par celle-ci, ou plutôt par le sentier qui en longe, sous bois, la rive gauche, et dont l'entrée est signalée par une flèche bleue, peinte sur l'écorce d'un orme. Cette marque vous la retrouverez à l'entrée de chaque route, de chaque chemin que vous aurez à suivre, si toutefois, comme nous l'avons dit plus haut, la malveillance et la jalousie du bien que l'on n'a pas fait, et que soi-même on est incapable de produire, veulent bien ne plus la faire disparaître. Déjà, en maints endroits de la forêt, nous l'avons reproduite, et nous la reproduirons autant de fois et partout où un ignoble et stupide vandalisme s'acharnerait à la détruire. Néanmoins, si, malgré tous nos soins et toute notre persévérance, ces innocentes flèches venaient à vous

2

faire défaut, les traces de leur immolation suffiraient encore à vous indiquer votre marche, surtout aidé d'une carte ou de cet itinéraire.

Donc, en partant de la barrière de Paris, prenez le sentier qui longe, sous bois, le côté gauche de la route de Fleury. Suivez le pendant l'espace d'un kilomètre, c'est à dire jusqu'au deuxième carrefour où vous prendrez à gauche un autre sentier qui gravit en serpentant le mont Fessas. Gardez-vous bien de préférer le grand chemin sablonneux qui se voit à droite du sentier. Il conduit plus directement à Franchard ; mais, outre qu'il n'offre ni site, ni la moindre des choses intéressantes, il est le plus détestable et le plus fatigant de toute la forêt.

Parvenu sur le plateau, traversez un carrefour en laissant une route à votre droite. Quelques instants après vous arriverez, toujours en parcourant de délicieux ombrages, sur un autre carrefour, que vous franchirez en laissant une route à votre gauche, pour arriver bientôt sur un embranchement de trois routes. Continuez le plateau, un instant encore, pour prendre à gauche le sentier des *Quatre-Sœurs*, sentier dont les ombrages vous plairont davantage. Suivez ces sinuosités en coupant plusieurs routes de chasse et en négligeant, à votre droite, un faux sentier qui vous ramènerait sur la route sablonneuse. Quelques pas encore, et vous allez vous trouver tout à fait au bord du plateau, d'où vous jouirez de la plus belle vue du mont Fessas. Ce point de vue est signalé par le N° 1 peint sur un arbre. Continuez le sentier, au bord du plateau, pour déboucher sur un chemin plus large et descendant dans la gorge du Houx. Suivez ce chemin, en négligeant celui que vous allez voir à votre gauche ; parvenu à une croisière de quatre routes, dirigez-vous à droite pour retrouver bientôt, à gauche, notre sentier qui, en peu d'instants, vous conduira parmi les imposantes et curieuses roches des Danaïdes, dont la première est marquée du N° 2. Elles sont au nombre d'une vingtaine, toutes diversement accidentées et généralement volumineuses, le N° 3 surtout. Le N° 4 désigne la roche du bain, sorte de réservoir que la nature a singulièrement formé sur ce grès, et dont les eaux ne tarissent jamais. Immédiatement vous pénétrez dans l'antre des Jumelles, formé par la rupture d'une roche, où vous verrez une trouée ayant la forme d'un énorme binocle ; cette roche est désignée par le N° 5. Au-delà en gravissant, les sinuosités de notre sentier vous feront passer successivement devant le N° 6, grès singulièrement évidé; le N° 7, rupture et écartement de deux énormes pierres; la lettre A, moulure extraordinaire ou roche de Vénus; les N°ˢ 7 et 8, couloirs entre des grès imposants; le N° 9, petite grotte; le N° 10, issue, à votre gauche, pour arriver sur le belvéder des Danaïdes, ou point de vue central de la gorge du Houx, d'où l'on jouit d'un coup d'œil plus délicieux encore que sur le point de vue du mont Fessas.

Ayant contemplé ce deuxième beau point de vue, rentrez sur le sentier pour continuer la promenade, toujours parmi les grès, les pins, les bruyères et quelques blancs bouleaux, et revoir presqu'immédiatement de nouveaux points de vue, des rochers, des montagnes, des déserts, dont l'aspect devenant à chaque pas plus pittoresque, plus sauvage et plus saisissant, vous plaira et vous impressionnera davantage.

Voici notre sentier qui se divise en deux embranchements conduisant également à Franchard, mais prenez celui à votre gauche, c'est le plus intéressant. Il côtoie le bord hérissé du plateau d'où vous dominerez, pendant quelques cents pas, les profondeurs d'une gorge, longue et étroite, qu'on nomme le défilé de la gorge du Houx. Quelles énormes masses de grès encore! quelle main, quelle puissance les a ainsi arrachées du plateau pour les précipiter sur les flancs de la colline, et jusqu'au fond de la gorge!

Après avoir suivi le sentier pendant quelques minutes, en contemplant ces imposantes traces du déluge, vous arriverez au carrefour du Houx, ainsi nommé parce que jadis il était décoré d'un houx très beau, très remarquable, auquel on a substitué ce brin d'arbre qu'aujourd'hui nous voyons là et qui se meurt. Traversez ce carrefour, en laissant quatre chemins à gauche pour prendre, à votre droite, celui allant aboutir à la croix de Franchard en parcourant la platière parmi les pins et les bruyères (1). Cette croix n'est remarquable que par sa base formée d'un amas de grès abrupts amenés là, à grand' peine, par les cénobites qui jadis habitaient les déserts de Franchard. Vous passerez donc près de cette pyramide de grès,

_____

(1) Platière est le nom que de temps immémorial on donne aux plateaux rocheux de la forêt.

en coupant directement l'aride carrefour qu'elle décore, pour atteindre immédiatement la route pavée qui s'aperçoit de l'autre côté, entre les grands bois et bordée de chétifs acacias. Parcourez cette route l'espace d'environ 500 pas, autant que possible en dehors de ses bords afin de marcher à l'ombre de la futaie, et vous arriverez vers le restaurant de Franchard, nouvellement construit, à quelques pas de l'habitation du garde, sous les ombrages de la futaie, à l'endroit où se tient la fête du mardi de la Pentecôte, fête jadis fameuse. Ce restaurant qui, dans l'origine, avait été concédé à MM. Lapotaire, fut adjugé à M. Xavier, qui, nous aimons à l'espérer, le tiendra de manière à s'attirer bonne et nombreuse clientèle; ce dont nous parlerons dans une prochaine édition.

Quant à l'ancienne abbaye de Franchard, qui a dû son origine à un moine, nommé Guillaume, du couvent de Saint-Euverte d'Orléans, et dont la fondation eut lieu sous le règne de Philippe-Auguste; il n'existe plus actuellement que quelques vestiges, entre autres les restes des murailles de la chapelle que l'on a transformés en habitation de garde de la forêt (1).

Mais allons visiter les gorges, qui certes vous intéresseront bien autrement que cette pâle et triste ruine. A cet effet, servez-vous de la carte ci-jointe, dont le tracé en couleur, partant de l'habitation du garde, représente le sentier sillonnant tous les sites éminemment curieux du désert de Franchard.

NOTA. Ce sentier, dont la création est une des plus grandes et des plus belles pages de mes recherches et de mes travaux pittoresques, se compose de trois sections, ayant ensemble trois kilomètres de développement, qu'il ne faut pas manquer de parcourir si l'on tient à voir parfaitement tout ce qu'il y a d'éminemment remarquable par là. Il sillonne tantôt les crêtes, tantôt les flancs des rochers, et passe dans les antres, dans les grottes, parmi tout ce que les gorges de Franchard offrent de plus imposant et de plus sauvage. Son périmètre, formant une courbe très singulièrement accidentée et plus capricieusement tourmentée, vous ramènera près l'habitation du

(1) Voir pour plus de détails historiques et descriptifs sur ce lieu le plus illustré de la forêt, notre brochure ayant pour titre: *Nouvelle Promenade aux Gorges de Franchard.*

garde et du restaurant, non sans avoir essuyé un p u de fatigue à gravir et à descendre; mais aussi après avoir vu et bien vu les sites nombreux et saisissants qui constituent les gorges de Franchard.

Combien de personnes pourtant, allant à Franchard pour en visiter les sites, en repartent sans avoir parcouru ce curieux sentier, hors duquel on ne voit que très imparfaitement les gorges! La plupart des voyageurs n'en voient guère que la première section, beaucoup même ne sont amenés que vers la Roche-qui-Pleure. S'il en est ainsi, disons-le encore, c'est parce que le plus grand nombre de nos visiteurs venant bien moins pour s'initier à nos beautés pittoresques que pour pouvoir dire et inscrire sur leurs tablettes : « Moi aussi j'ai vu Fontainebleau et sa forêt », ne s'enquièrent nullement des moyens à employer pour visiter convenablement nos charmants déserts. Donc, à l'aide de la petite carte en tête de ce volume, vous pourrez vous diriger très facilement et parcourir le sentier, soit en totalité, soit en partie; mais on perdrait beaucoup en négligeant même une seule section. Il ne faudra pas avoir égard aux numéros que vous rencontrerez dans cette partie de la promenade, vu qu'il ne se rapportent aucunement à ceux de la carte : ceux-ci indiquent la position géographique des choses qu'ils désignent.

Après avoir exploré les gorges de Franchard, et fait honneur, si bon vous semble, au restaurant de M. Xavier, vous continuerez votre agreste et très intéressante exploration en revenant vers Fontainebleau; mais par des sites encore plus curieux et plus saisissants que tout ce que jusqu'ici je vous ai signalé.

En repartant de Franchard, revenez vers le cèdre planté devant l'habitation du garde, et passez sur la pierre qui forme ponceau, près la citerne des Ermites, pour prendre immédiatement, sous les vieux chênes, le sentier qui vous ramènera au pied du chêne de Maintenon, marqué du N° 1. Ici le sentier présente deux embranchements, prenez à gauche celui qui vous conduira vers la Mare-aux-Pigeons, en continuant ses sinuosités encore sur un sol rocheux, mais aussi parmi les bruyères, les genevriers et quelques gracieux bouleaux. Après avoir passé devant la roche N° 2, grès ayant à peu près la forme d'une tête de mort, vous couperez un chemin de voiture pour vous retrouver davantage dans les roches et mieux ombragé. Le N° 3 vous annonce l'*Antre-de-l'Ane*, ainsi nommé parce qu'il est arrivé malheur à un de ces quadrupèdes, assez volumineux, qui voulut passer par là.

Vous voici tout à l'heure à la Mare-aux-Pigeons, que vous trouverez la plus pittoresque de la forêt. Son îlot, décoré d'un bouleau, est appelé l'île de Sainte-Hélène. Un peu au-delà de cette mare vous traverserez un chemin, en pénétrant parmi d'assez belles roches accompagnées de genevriers et de bouleaux plus beaux encore : ce sont les roches de Catherine de Médicis ; la principale est marquée du N° 4. Continuez quelques cents pas sur un sol non moins agreste, non moins sauvage, mais plus dépourvu d'ombrage, pour retrouver bientôt un trajet plus agréable et plus curieux à parcourir. Voici deux sentiers, prenez à gauche entre un jeune bouleau et une touffe de genevriers. Encore quelques pas et vous coupez un large chemin, appelé la *Route-Ronde*, pour pénétrer aussitôt sous les ombrages d'un taillis, et fouler ensuite la plage pelousée qui avoisine la *Mare-au-Bateau*, site aussi suave à la vue que doux à parcourir. La mare, quoiqu'assez vaste et située à quelques pas du chemin, est inaperçue derrière les végétaux. Elle tarit par les grandes chaleurs.

Ayant marché quelques instants parmi les genêts, les pins, les bouleaux et les touffes d'épines blanches qui décorent ce parterre que la nature cultive et entretient si bien, vous retrouverez les traces de votre chemin plus prononcées, et passant au pied d'un Aubépin de plusieurs siècles, le plus remarquable de la forêt. Quelques pas de plus, et vous revoyez des roches d'une certaine apparence ; puis vous voici dans une allée de pins du Nord, qui va vous conduire au carrefour des Oiseaux-de-Proie, lieu d'un aspect triste et solitaire, malgré les cinq allées formées d'arbres à l'écorce bronzée et dorée dont il est le point central. Traversez ce carrefour, en laissant une route à votre droite ; marchez une ou deux minutes pour prendre le premier sentier à votre gauche, et ensuite le premier à droite. Bientôt de nouveaux rochers, de nouveaux points de vue vont s'offrir à vos regards. Le sentier devient plus capricieux, plus tourmenté. Vous voici sur le belvéder des Oiseaux-de-Proie, l'un des plus beaux points de vue de la forêt ; nous vous le signalons par le N° 5. Immédiatement le N° 6 désigne

une grotte, une espèce d'abri. Un peu plus loin vous allez tra
verser un chemin pour continuer notre sentier devenant plus
encaissé dans les grès, et dont les détours, formant d'imposants couloirs, sont plus tourmentés encore que tout à l'heure ;
les Nᵒˢ 7 et 8 vous en désignent les plus saisissants. Le Nᵒ 9
désigne la galerie du grand serpent, roche dont la forme fantastique représente une sorte de monstre semblant s'élancer,
non pour vous dévorer, mais pour vous abriter. Les Nᵒˢ 10 et
11 désignent d'énormes masses de grès et de charmants points
de vue. Le Nᵒ 12 vous avertit que vous allez descendre dans
l'*Antre-du-Déluge*, passage formé dans un affreux cahos de grès
bouleversés les uns sur les autres

Ayant passé dans cet antre, vous continuez à descendre
toujours parmi une infinité de roches remarquables, soit par
leurs formes, soit par leur volume, entre autres les Nᵒˢ 13,
14, 15 et 16 ; mais les Nᵒˢ 17, 18 et 19 désignent de véritables pierres géantes. Le Nᵒ 20 vous signale l'entrée du passage
de la Chambre-du-Diable, ou *Rendez-vous du Chasseur-Noir*. Ce
lieu, entouré de grès formidables, présente en effet un aspect
triste et terrible, surtout si on a lu la légende de ce Chasseur-
Noir, spectre nocturne de la forêt qui effraya plus d'un de nos
rois ; et qui, dit-on, a prédit la fin tragique de Henri IV.

En sortant de cette lugubre solitude, notre sentier vous amènera en peu d'instants sur une verdoyante route de chasse, et
bientôt sur un beau carrefour d'où s'élève un pin d'Amérique.
Traversez ce carrefour en laissant quatre routes à votre droite ;
après quelques cents pas le sentier vous dirigera sur la droite
en pénétrant dans le taillis de pins, et bientôt parmi quelques
roches tant soit peu remarquables de formes. Continuez pour
traverser tout à l'heure un chemin sablonneux, et suivre le
sentier qui va sillonner encore un déluge de roches, dont le
grès Nᵒ 21 est la sentinelle. Un peu au-delà le Nᵒ 22 vous désignera un passage ouvert sous un groupe de roches assez bien.
Ensuite le Nᵒ 23, vu à quelque distance sur votre droite, vous
indiquera la roche Pégase. Tout à l'heure vous allez passer
près de la roche à la petite grotte indiquée par le Nᵒ 24, et
tout à côté le Nᵒ 25 vous désignera l'un des grès les plus remarquables de la forêt de Fontainebleau : il est curieux et par
son volume, et par ses formes diversement fantastiques, et
aussi par le réservoir d'eau qui se voit dans son intérieur. Cette

belle roche attend, ainsi que bien d'autres curiosités de nos déserts, son baptême. Continuez à suivre le sentier qui la contourne pour vous acheminer vers d'autres singularités, desquelles vous remarquerez la roche N° 26, curieuse par les trouées diverses qui la distinguent; N° 27, antre et passage sous d'imposantes masses de grès; N° 28, roches énormes et de formes très bizarres; N° 29, autre masse de grès très remarquable; N° 30, roche plus remarquable encore, par l'excavation et les ouvertures qu'elle présente. On voit dans son intérieur un réservoir alimenté par les eaux du ciel, qui s'y introduisent par une sorte de cheminée, et dont le trop plein s'échappe par une goulotte également formée par la nature. N'oublions pas non plus le jeune bouleau qui a pris racine dans cette espèce de citerne.

En quittant cette curiosité, vous allez descendre sur un vaste carrefour bien verdoyant, bien étoilé par sept jolies routes délicieusement ombragées. Là se voit un pin d'Écosse greffé sur un pin du Nord dont la sève, montant trop abondamment, ne lui permettra pas de vivre longtemps, vu l'amoindrissement qui en résulte pour le pied.

Traversez ce beau carrefour en laissant une route à votre gauche pour arriver, en quelques minutes, au pied du Mont-Aigu, que vous gravirez d'abord en négligeant tout chemin à gauche comme à droite; mais parvenu au N° 31, sous quatre pins les plus forts, à l'endroit où le chemin se termine en T, prenez à gauche et continuez en n'ayant aucun égard aux chemins et sentiers qui s'offriront à votre droite. En suivant ce gracieux fil d'Arianne qui, bordé et ombragé de pins à l'écorce bronzée et dorée, contourne exactement la montagne jusqu'à son sommet, vous remarquerez encore de belles roches, et surtout de beaux points de vue. Voici la roche N° 32, et immédiatement une échappée de vue sur Fontainebleau. Le N° 33 va vous signaler une vue plus étendue et plus belle; tout à l'heure, sur le côté opposé, le N° 34 vous indiquera une roche et un point de vue également dignes de fixer votre attention. De cette roche feuilletée, et dont la partie supérieure est comme ciselée en écaille, vous arriverez à l'instant même sur la cîme du Mont-Aigu. Cette cîme, assez vaste, est couronnée d'arbres et de rochers qui forment le belvéder le plus pittoresque de la forêt. On y jouit d'admirables points de vue dans toutes les di-

rections. Mais quelles belles masses de grès l'on y remarque !
notamment les N°˙ 35, 36, 37 et 38. Le N° 39 vous indique la
Roche-du-Tonnerre, ainsi nommée parce qu'elle fut partagée et
renversée par la foudre il y a une vingtaine d'années.

En quittant cette roche, dirigez-vous vers le N° 40 pour
prendre le sentier descendant la montagne. Suivez-le en négligeant tout chemin à votre gauche. Cette grande pierre que vous
voyez marquée du N° 41 est la *Glissoire du Chasseur-Noir.* En
effet, elle n'est guère accessible et praticable qu'aux spectres,
aux esprits infernaux.

Parvenu au bas du Mont-Aigu, vous serez sur un petit carrefour traversé par une route de voiture ; coupez cette route
pour prendre notre sentier que vous voyez de l'autre côté ; et
qui, après un trajet d'environ mille mètres sous les ombrages
d'un bois taillis, vous conduira, en coupant plusieurs routes de
chasse, sur le carrefour de la Butte-Rouge, c'est à dire au pied
de la pointe du Mont-Fessas.

Étant sur ce carrefour, vous le traverserez en laissant une
route à votre droite ; et, après un trajet d'environ trois cents
pas, vous arriverez sur un autre carrefour, lequel est traversé
par des routes très sablonneuses, vous le couperez en laissant
à votre gauche deux routes, et trois à votre droite, pour
prendre, sous bois, un sentier bien moins fatigant et mieux
ombragé.

Ayant parcouru quelques instants ce sentier, vous en verrez
un autre à votre gauche qu'il faudra suivre pour arriver, après
un trajet d'environ cinq cents pas, à la barrière de la Fourche,
commencement et terme de votre promenade ; promenade qui
vous aura coûté, il est vrai, bien des pas et peut-être un peu de
fatigue, mais dont les rochers et les mille accidents vous auront du moins laissé une idée parfaite des sites agrestes de la
forêt de Fontainebleau.

Mais lorsqu'on voudra faire avec moins de fatigue l'excursion
des gorges de Franchard, et voir d'ailleurs de très belles choses
et surtout quelques-unes de nos antiques futaies, il faudra s'y
rendre en voiture on à cheval. (Voir pages 14 et suivantes).

Promenade aux Gorges d Apremont.

Développement, 15 kilomètres.

Cette promenade, non moins développée, non moins grande que la précédente, est plus intéressante encore et offre des sites, des rochers, des bois, des points de vue d'un aspect plus imposant et beaucoup plus grandiose. Cependant elle est beaucoup moins fréquentée que celle de Franchard; mais à Franchard on y trouve une buvette, chose précieuse surtout pour les cochers; tandis que vers les magnifiques déserts d'Apremont l'on n'y trouve, l'on n'y voit que des arbres quatre à cinq fois séculaires, des amas de grès plus saisissants, des chaînes de rochers sans fin et enfermant de vastes gorges, toutes choses en un mot qui ne parlent qu'à l'âme du poète, à l'âme de l'artiste, à l'âme de quiconque est amateur de la merveilleuse nature.

Mais il faut dire aussi que les chemins de voiture qui pénètrent dans les gorges d'Apremont sont affreusement sablonneux, affreusement fatigants, et que si aujourd'hui le trajet à pied est facile et très agréable, il n'y a certes pas longtemps; car c'est par là que sont venues finir nos vingt années de *rêveries pittoresques*; c'est à dire que par là aussi nous avons créé et fait ouvrir de curieux et charmants sentiers qui ont ajouté aux délices de la forêt de Fontainebleau.

Pour effectuer cette belle et grande promenade des gorges d'Apremont, il faudra, comme pour celle de Franchard, sortir de la ville par la barrière de la Fourche et vous diriger, non par le sentier qui longe la route de Fleury, mais bien par celui qui est latéral à la route de Paris. Par ici nos flèches indicatives vous viendront également en aide, comme dans toutes les autres promenades destinées à être parcourues pédestrement; disons que celle-ci, bien mieux ombragée que celle qui précède, peut s'entreprendre à toute heure du jour.

Donc, étant rendu à la barrière de la Fourche, prenez le sentier qui borde la gauche de la route de Paris, entre les ormes et le bois taillis; suivez-le jusque vers le pied de la côte, c'est à dire jusqu'à l'endroit où commence la haie qui la sépare du pavé. Ici, dirigez-vous à gauche par l'étroit sentier qui pénètre sous les pins; vous le suivrez dans ses courbures plus ou moins sinueuses, en coupant plusieurs routes de chasse et en cheminant constamment sous les ombrages. Bientôt votre sentier devient plus direct et moins étroit pendant quelques cents pas; ensuite il incline à droite pour reprendre ses sinuosités, qu'il faut suivre en coupant encore plusieurs routes de chasse, et l'on ne tarde pas à s'embrancher dans un chemin plus spacieux et ombragé par un bois plus joli, plus attrayant : c'est l'entrée de la *Gorge-aux-Chevreuils*, située au sud de la Fosse-à-Rateau. Cette gorge, sans être rocheuse, est agréablement solitaire.

Quelques cents pas encore, et vous parviendrez sur le haut du plateau, en traversant une route, pour passer immédiatement sous les voûtes plus élevées d'une antique futaie appelée la Tillaie.

Lorsque vous en aurez parcouru le sentier quelques instants, les arbres vous apparaîtront plus hauts, plus imposants; mais bientôt vous allez passer au pied de deux véritables colosses indiqués par les Nos 1 et 2 : le premier est le *Condé*, et l'autre le *Turenne*.

Deux minutes après avoir dépassé ces deux géants, vous arriverez sur un carrefour de six routes et au pied de l'arbre le plus haut et le plus droit de la forêt : c'est le *Bouquet-du-Roi*. Au pied de cet arbre, prenez à droite la route qui s'en rapproche le plus, et qui, après soixante ou quatre-vingts pas, vous amènera, en traversant une autre route, devant le *Pharamond*, chêne des plus imposants par sa force comme par son aspect chauve, et surtout par ses racines saillantes au-dessus du sol; nous l'avons signalé par le N° 4.

A peine aurez-vous quitté ce doyen des vieux hôtes de la Tillaie, et suivi le chemin inclinant à votre gauche, que vous vous trouverez entre le *Hoche* et le *Marceau*, chênes aussi beaux, aussi grands que les noms qu'ils portent, et signalés par les N°ˢ 5 et 6; on les nomme aussi les Deux-Frères. Vous couperez la route qui les sépare pour retrouver aussitôt la continuation de notre sentier et passer devant d'autres burgraves non moins remarquables. Tout d'abord le N° 7 vous indique le *Buffon*. Plus loin, à cinquante pas sur la gauche du sentier, le N° 8, imprimé sur un hêtre bien haut et bien droit, vous annonce que tout près de là se voit le *Chêne-du-Christ*, arbre ayant parfaitement la forme d'une croix imposante et majestueuse. En perdant de vue cet arbre très remarquable, vous allez passer devant le *Danaüs*, autre chêne d'une belle force portant le N° 9. Ici le sentier décrit légèrement sa courbe à droite, pour vous permettre de passer au pied du dernier des plus beaux et des plus forts de ces géants : c'est le chêne de *Notre-Dame-des-Bois*.

En contemplant ce colosse, dont un de ces énormes bras fut naguère arraché par la tempête, vous verrez dans son vaste tronc, sinon une Madone, sinon l'image de la sainte dont il porte le nom, mais tout simplement l'espèce de niche qui jadis l'abritait, et qui attend depuis longtemps que quelques âmes pieuses viennent la lui rendre.

Il y a quelques années la chose fut projetée et sur le point d'être mise à exécution par M. Peigné, l'un des propriétaires des diligences de Nemours à Paris; mais les événements politiques et la mort ensuite sont venus mettre empêchement à cette œuvre.

Cependant il ne sera pas dit que le chêne de Notre-Dame-des-Bois aura perdu pour attendre, car messieurs les officiers du 8ᵉ hussards, en garnison à Fontainebleau, ayant eu connaissance des intentions qu'avaient eu l'infortuné M. Peigné, se cotisèrent entre eux à l'effet de décorer le vieux chêne d'une Madone qui, sous très peu de temps, sera inaugurée. Ce sera un souvenir qu'aura laissé, dans notre ville, ce régiment, et dont on lui saura gré sinon à titre de dévotion du moins comme ornement.

Du chêne de Notre-Dame des-Bois, le sentier vous conduira, après une marche de quelques cents pas, à l'extrémité de la futaie, pour passer sous les ombrages moins sévères d'un jeune et mince taillis que vous traverserez en deux minutes et au bout duquel vous couperez un carrefour, en laissant trois routes à droite et deux à votre gauche.

Ici la scène change : au lieu d'un terrain uni et richement boisé, ce n'est plus qu'un sol rocailleux et couvert en grande partie de bruyères et d'arbres résineux.

Bientôt le sentier devient plus tourmenté et vous allez traverser un chemin pour parvenir ensuite parmi les grès de la platière du désert d'Apremont, c'est à dire sur une plage plus rocheuse et plus à découvert. Le N° 11, près duquel vous passerez, vous désigne la roche de Juliette, sorte de sarcophage druidique. Un peu plus loin vous remarquerez, à quelques pas sur votre gauche, un grès marqué du N° 12, et dont la forme fantastique représente une sorte d'hypocriphe.

Vous voici à l'extrémité du plateau et sur le haut bord des gorges d'Apremont.

Les gorges d'Apremont forment, ainsi que nous l'avons déjà dit, la contrée la plus agreste, la plus rocheuse et la plus grandiose de la forêt de Fontainebleau ; elles se divisent en deux parties à peu près égales en superficie, mais très distinctes quant à leur aspect. L'une de ces parties est appelée le *Désert* et l'autre le *Vallon*; le Désert, d'un aspect éminemment sauvage et triste, était naguère encore d'une physionomie plus âpre et plus saisissante, ses profondeurs, comme les collines qui les entourent, étaient sinon totalement dépourvues de végétation, mais décorées seulement de sombres bruyères, puis de quelques bouleaux séculaires et de genevriers plus vieux et plus rageurs. Aujourd'hui toutes ces belles horreurs sont en grande partie disparues et remplacées par la monotone et lugubre verdeur des pins que par là, comme en trop d'autres beaux sites, on a semés et plantés à profusion. Ce n'est pas que nous soyons antipathique à ce genre de boisement, témoin ce que nous en avons dit dans notre quatrième édition ; mais nous eussions voulu qu'on eût épargné, qu'on eût respecté davantage les in_ téressantes parties de nos déserts qui avaient conservé leur cachet primitif.

Le Vallon, quoiqu'ayant un sol tout aussi rocheux, tout aussi déchiré et tourmenté que celui du Désert, présente un aspect moins sombre et plus pittoresque. On y voit des chênes et des hêtres de toute beauté pour étude, et parmi lesquels se remarquent principalement le chêne de Henri IV, celui de Sully, le Bélus, le Corrége, le Caravage, le Ragcur, les chênes de Lantara, le Decamps, le Français, le Théodore Rousseau, etc, etc. On y voit aussi quelques bouleaux, mais surtout de superbes rameaux de genevriers et une amoureuse pelouse ombragée en partie par des charmes et par d'autres arbres séculaires; aussi le vallon des gorges d'Apremont est-il un rendez-vous de prédilection pour les paysagistes qui viennent à Fontainebleau.

Les monts et les rochers, qui composent l'ensemble des gorges d'Apremont, n'ont rien moins que douze kilomètres de circuit (trois lieues). Outre le désert et le vallon, formant les deux principaux bassins des gorges, une infinité de gorges plus étroites et de collines viennent s'y ramifier et s'y confondre avec leurs accidents de terrain, leurs flancs hérissés et leurs crêtes déchirées. Avant cet envahissement de bois résineux on ne voyait par là qu'une nature bouleversée et désolée, ce n'était partout que des amas d'âpres rochers, partout que d'énormes blocs de grès dont les masses informes, tantôt éparses, tantôt bizarrement amoncelées, penchées, renversées ou suspendues sur la pente ou sur le sommet des montagnes, offraient les traces du déluge et l'image d'un admirable chaos!

Mais revenons à notre itinéraire. Nous voici, disions-nous tout à l'heure, à l'extrémité du plateau et sur le haut bord du désert d'Apremont d'où l'on domine presque à pic cette partie de la forêt. Continuons le sentier jusqu'à la roche marquée de la lettre A, car c'est là où vous allez jouir parfaitement du *Point de vue du Désert*, et voir bien loin par delà vers l'ouest. En quittant ce belvéder vous descendrez immédiatement au Désert par une pente assez douce et ombragée de pins du Nord, mais surtout en longeant un imposant rideau de grès, et cheminant toujours parmi les humbles bruyères, les houx et les fougères.

Après avoir ainsi descendu et parcouru pendant dix minutes cette agreste solitude, dont le silence n'est troublé que par le chant assez rare de quelques oiseaux, vous arriverez sur un carrefour que vous couperez en laissant deux routes, à votre gauche, pour continuer notre sentier. Ce sont encore des pins et toujours des pins, mais aussi des roches et quelques beaux genevriers. Vous allez passer entre la roche Lancret marquée de la lettre B; plus loin vous traverserez une jolie petite route de chasse pour arriver, en peu d'instants, près du Cerbère des gorges d'Apremont, grès de forme fantastique portant le N° 13.

Le sentier, constamment ombragé par les pins, vous conduira bientôt au pied de la montagne de Ribera, montagne hérissée de grès de toutes formes et de toutes grandeurs. Voici les plus remarquables de ceux parmi lesquels vous allez passer : 14, la roche d'Albert; 15, la roche Vatteau; 16, la roche de Béti; immédiatement après cette roche, point de vue sur la gorge dés Carraches, signalé par le N° 17. Ayant dépassé le N° 18, qui vous indique une roche et un caveau assez remarquables, le N° 19 va vous signaler, sur votre gauche, un point de vue d'un aspect non moins sauvage. Continuez et la lettre C va vous désigner une autre roche, une autre caverne plus imposante encore que la précédente. Vous voici dans une sorte d'impasse où la lettre D vous indique le *Dragon* des gorges d'Apremont. Continuez à sillonner les crêtes affreusement déchirées de la montagne, et remarquez surtout la roche E, grès monstrueux frappé et partagé par la foudre! La lettre F vous indique une suite de roches non moins remarquables, non moins imposantes, et dont plusieurs étant facilement accessibles sont autant de belvéders; mais avancez quelques instants encore parmi les antres que forment ces pierres monstres, ces titans jetés sur ces hauteurs comme tombés du ciel, ou vomis par un déluge en furie. Voici la lettre G qui vous invite à gravir quelques pas de ce côté pour contempler un nouveau spectacle : le vallon des gorges d'Apremont, ses vastes profondeurs, son imposant entourage de collines et de montagnes éminemment rocheuses, et en même temps l'immense horizon qui par delà s'étend vers Fleury, Perthes, Montgermont et le Tertre-Blanc. Quel tableau! quel heureux et charmant contraste avec ce que vous venez de voir et d'explorer!

En quittant ce beau point de vue que nous appelons *Petit-Belvéder* du vallon d'Apremont, vous passerez dans l'antre d'Echorah, passage marqué de la lettre H, et d'un aspect sinistre dont on a hâte de s'éloigner ; mais, réjouissons-nous, voici immédiatement la lettre I qui nous signale un riant point de vue, c'est l'esplanade de Farçati.

Continuez notre fil d'Arianne parmi toutes ces crêtes sourcilleuses où l'on semble voyager dans les airs , mais pourtant sur une plage toujours plus sauvage et plus rocailleuse, d'où les points de vue se succèdent comme par enchantement. Mais que de singulières roches encore, entre autres celle marquée de la lettre J, c'est la roche Mubo.

Cependant tous ces grès diversement fantastiques commencent à s'aplanir, et vont nous permettre de contempler plus agréablement de nouveaux sites, de nouveaux panoramas plus vastes et plus saisissants. Voici la lettre K qui nous signale le belvéder de la Gorge-Rembrandt. Mais ce n'est rien, continuez vers la lettre L pour aborder le belvéder du Titiano, d'où vous aurez une magnifique vue sur la vallée du Bas-Bréau, et sur les contrées par delà. Quelques pas de plus, et la lettre M vous signalera quelque chose de mieux encore et de plus vaste.

Vous voici au N° 20 qui vous annonce que vous êtes à l'entrée de la Caverne-aux-Brigands. Le gardien de ce repaire vous y dirigera, si bon vous semble, muni d'une torche allumée. Les bandits, qui l'ont creusé il y a environ un siècle et qui avaient pour chef un nommé Thissier, furent longtemps la terreur de la contrée. Le bois du Bas-Bréau, traversé par la route de Paris, était plus particulièrement le théâtre de leurs exploits, de leurs guet apens.

Lorsque vous aurez exploré les ténébreuses et froides cavités de cet antre, où cent personnes pourraient se cacher, vous en sortirez par une issue opposée à l'escalier par lequel on y descend. A deux pas de cette issue le gardien a établi, entre deux roches et sous les frais ombrages d'un hêtre, une espèce de boulingrin d'où l'on jouit d'un charmant point de vue sur le Bas-Bréau et la plaine de Chailly. Contigu à ce belvéder se voient d'imposantes masses de grès rompues et partagées, dont les fissures forment d'affreux repaires, entre autre la Caverne-du-Loup.

En quittant ce site de lugubre mémoire prenez le sentier indiqué par nos marques bleues du côté du midi, et suivez-le vers l'ouest pour descendre au vallon ; mais, avant de quitter les crêtes du rocher, il faut sortir un instant du sentier en inclinant à gauche pour aborder vers la lettre N, c'est à dire sur l'Observatoire-des-Brigands, belvéder d'où vous jouirez d'un point de vue qui surpassera tout ce que, jusqu'ici, la promenade vous a offert de plus remarquable et de plus grandiose... Quelle sensation! quel charme on éprouve en promenant la vue sur l'immense panorama qui se déroule, ou plutôt qui apparaît soudainement sous vos regards et dans toutes les directions :

D'un côté et d'un autre ce sont d'imposants pêles-mêles d'arbres et de rochers, des monts, des gorges profondes, des plaines, des campagnes fertiles contiguës à d'affreux et sauvages déserts! Mais cet horizon qui s'étend à perte de vue!... mais cette gigantesque futaie du Bas-Bréau dont les chênes, cinq à six fois séculaires, balancent leurs cîmes à cent mètres au-dessous des bords escarpés et déchirés d'où vous contemplez toute cette merveilleuse et étrange nature!...

Ayant savouré cet admirable point de vue, rentrons dans notre sentier et descendons la pente du rocher pour aboutir sur le travers du chemin, également étroit, que vous suivrez à gauche; c'est le sentier de *Lantara*, pâtre de Chailly, devenu célèbre, comme peintre paysagiste, sans avoir eu de leçons que celles émanées de ses inspirations; l'art lui vint en gardant ses vaches dans ces lieux agrestes si bien faits d'ailleurs pour enflammer le génie.

Donc, étant descendu sur le travers du sentier Lantara, vous le suivrez à gauche pour descendre encore et passer entre de formidables masses de grès dont une est marquée du N° 21.

En quittant ces grandes roches on débouche vers le N° 22, sur la pelouse et sous les arbres séculaires du Vallon, site plus suave et plus doux à la vue comme à la marche, et que l'on traverse rarement sans s'y reposer. Ses vieux chênes, son entourage de jolis et coquets genevriers, la ceinture de collines rocheuses diversement agrestes qui l'enferme et qui se compose d'une infinité d'autres sites, tout cela plaît et charme on ne peut mieux......

En quittant le Vallon vous traverserez le carrefour, en laissant une route à votre gauche, pour vous diriger par la plus large et la plus frayée; mais au lieu d'en parcourir les sables

mouvants, marchez sur la rive gauche en négligeant un chemin que vous allez voir du même côté. D'ailleurs nos flèches
suppléeront, ici comme partout, aux indications ci-dessus.
Vous voici encore parmi de belles études d'arbres et de roches
bien groupés, bien pittoresques. Ce chêne marqué de la lettre
B, et assez remarquable, que vous voyez singulièrement situé
sur un grès, à votre droite, près de la route sablonneuse, est
le chêne de Lantara. Immédiatement la lettre C va vous désigner le Chauffoir des-Artistes, lieu où pendant les fraîches
journées d'automne nos paysagistes viennent se réunir autour
d'un feu, qui leur sert quelquefois aussi à faire cuire ou ré-
chauffer leurs champêtres repas.

En continuant votre marche parmi ces roches et ces capricieux accidents de terrain vous verrez, à votre gauche, la lettre D vous signalant un monticule dont les grès, assez bien
groupés, forment, avec les hêtres qui les décorent, un fort joli
site, c'est le rocher St-Ange. Un peu plus loin, à vingt cinq pas
sur votre droite, vous allez apercevoir le Henri IV, chêne de cinq
à six siècles, que nous avons marqué du N° 23; il faut pour
apprécier sa force s'approcher de son tronc. Le chêne de Sully,
situé à vingt pas plus loin, sur le côté opposé du grand chemin,
est également très vieux et très remarquable. Mais revenons sur
nos pas, prendre la direction de nos flèches pour continuer la
promenade vers Fontainebleau, en pénétrant tout d'abord dans
la Longue-Gorge, autre site où vous marcherez entre deux
côteaux également bien accidentés, et décorés de belles roches
et de coquets végétaux tels que des hêtres, des bouleaux, des
genevriers, etc.

Le N° 24, que vous apercevez sur la droite, vous signale le
Rocher-Stéphanie, sorte d'arche formée de grès singulièrement
superposés. Continuons en laissant bientôt un sentier à gauche,
et ensuite un autre à droite pour suivre constamment la gorge
qui va devenir plus étroite et quelque peu rude à gravir après
avoir dépassé le N° 25. Le N° 26 désigne la roche Marthe, nom
vénéré à juste titre.

Parvenu au sommet de la Longue-Gorge le sentier, quoique
légèrement tracé, vous indique qu'il faut incliner à droite en
contournant le haut bord de la gorge jusqu'à la roche N° 27,
où vous jouirez d'un assez joli point de vue, mais les malen-

contreux pins ne tarderont pas à le masquer et à le faire entièrement disparaître.

Poursuivons la courbure tourmentée de notre fil d'Arianne
pour prendre tout à l'heure, à notre gauche, le sentier du Cicérone. Celui de notre droite, également marqué de notre signe
bleu, est destiné aux personnes à âne.

Le N° 28 va vous signaler un nouveau point de vue : c'est
le belvéder de Sauvage, peintre dont le nom s'harmonise passablement avec l'aspect du site que l'on a en vue de ce point
culminant. Tournez à droite pour descendre vers le N° 29, qui
désigne l'entrée du petit désert d'Apremont, sorte de chaos,
pêle-mêle de rochers et d'accidents de terrains composant
une véritable Thébaïde, dont le silence et le sombre aspect vous
attristent et vous plaisent néanmoins. Le N° 30 désigne la grotte
Bléry, au fond de laquelle vous verrez une humble fontaine
dont la source, en grande partie absorbée par le sable, ne laisse
guère voir son eau qu'en hiver, et encore est-elle roussâtre.

Tout près de là le N° 31 indique la Grotte-des-Houx, sorte
de cellule ainsi nommée parce que, dans une fissure des rochers qui l'enferment, on voit des houx assez remarquables et
singulièrement venus là. Quittez ces antres solitaires pour descendre dans une gorge plus déserte encore, et passer près de
la Pierre-Droite sorte de dolmin marqué du N° 32. Voici la
lettre E qui vous annonce une échappée de vue d'un aspect
qui fait une heureuse diversion. A quelques pas plus loin le
N° 33 indique un grès d'une forme singulièrement fantastique,
et représentant un animal fabuleux.

Continuez les contours et les ricochets de notre sentier, en
passant toujours parmi un déluge de roches, pour arriver en
peu d'instants sur le plateau, mais en contemplant encore des
choses remarquables : entre autres la roche 34, très capricieusement accidentée et perforée. Ensuite, après un double détour, le sentier devient encaissé d'une manière tout à fait imposante, et le N° 35 vous indique l'antre Barbarelly. Immédiatement le N° 36 vous désigne le Grand-Belvéder des Gorges-
d'Apremont, énormes roches du sommet desquelles on jouit
du point de vue le plus vaste et le plus remarquable de la
contrée. On y arrive par quelques marches abruptes que nous
avons établies lors de la création du sentier. De ce point vos re-

gards pourront planer sur le désert et sur le vallon, ainsi que sur l'immense horizon qui se présente vers l'ouest.

Après avoir quitté cette délicieuse position et laissé derrière vous une suite de roches et de passages encore imposants, tels que l'Antre-Lefort marqué du N° 37, vous vous trouverez sur les platières qui dominent le sud des gorges. Ce plateau, bien moins rocheux et tristement ombragé de pins, vous le parcourrez en prêtant une certaine attention à nos marques bleues, vu que les vaches ont tracé par là une foule de sentiers qui pourraient vous occasionner quelques méprises. Vous voici bientôt sur un sol moins agreste encore, mais tout à fait découvert. Toutefois, à quelque chose malheur est bon, la disparition des ombrages nous vaudra tout à l'heure un point de vue assez beau, assez intéressant ; marchons en négligeant tout chemin à gauche comme à droite. Ce point de vue, qui se montre à notre gauche et nous permet de jeter encore une fois un regard sur un ensemble de vallées et de rochers dont l'aspect éminemment agreste et sauvage, nous rappelle quelque site de la Forêt-Noire, est le dernier de la promenade.

Bientôt vous allez descendre vers le vaste et beau carrefour de la Gorge-aux-Néfliers ; gorge où il n'y a pas plus de néfliers qu'aux Champs-Elysées. C'est égal traversons-le, en laissant trois routes à notre droite et autant à notre gauche, pour gravir quelques instants et prendre à droite le sentier qui pénètre sous les ombrages d'un magnifique bois de hêtres qu'on appelle le Puits-au Géant. Ayant suivi deux ou trois minutes ce sentier, nous rentrons sur le grand chemin que nous suivons entre cette belle forêt de hêtres et une coupe nouvellement faite.

Vous allez tout à l'heure traverser un chemin très large appelé la Route-Ronde. Immédiatement après l'avoir franchi, vous prendrez à droite une route dont les légères sinuosités parcourent la très belle futaie dite la Vente des Charmes. Vous retrouverez par là une foule de beaux arbres, de véritables géants parmi lesquels nous vous signalons les suivants :

Le Rubens, hêtre élégant et d'une belle force, désigné par le N° 38. Un peu plus loin le N° 39 vous indiquera le Primatice, chêne de quatre cents ans. Vis-à-vis cet arbre, mais à cinquante pas sur la gauche du chemin, s'aperçoit le Rosso, son contemporain, marqué de la lettre F.

Ayant dépassé le Primatice, le N° 40 vous désignera le Van-

Dick, hêtre magnifique au-delà duquel vous quitterez le grand
chemin pour prendre à votre droite le sentier des Lierres, ainsi
nommé à cause des lierres très remarquables que l'on y voit
attachés à une quantité de vieux chênes. Mais ce qu'on admire de plus imposant et de plus curieux en parcourant ce
sentier, c'est principalement un chêne qui passe pour le plus
beau et le plus sain de la forêt; nous l'avons marqué du
N° 41; sa circonférence dépasse six mètres, et son âge se perd
dans la nuit des temps. Entouré d'autres grands arbres et d'é-
paisses broussailles, il demeura longtemps ignoré des promeneurs et même des administrateurs de la forêt. Il y a bien des années que je le connais, et que je désirais le mettre en lumière,
mais ne pouvant tout faire à la fois, ce n'est que dernièrement qu'il m'a été possible de faire ouvrir le sentier qui, aujourd'hui, le rend visitable. Quant au nom à lui consacrer, il nous
en reste encore dans notre catalogue, malgré tous ceux que déjà
nous avons donnés de tous côtés dans nos bois et nos rochers,
et ceux promis vers la Gorge-aux-Loups et vers le Rocher-aux-
Cristaux. J'ai donné asile à bien des rois, des princes, des
empereurs, et à bien des grands artistes et célébrités de toute
sorte, même à des médiocrités et des nullités, mais à propos
et pour cause. Cependant j'ai autant que possible appliqué aux
grandes choses de grands noms; donc nous pensons ne pas
déroger en donnant à ce colossal chêne le nom de Jupiter.

En quittant le Jupiter vous reverrez des lierres d'une belle
force, et ensuite quelque chose de plus curieux : c'est un chêne
et un charme singulièrement unis; le charme surtout est très
capricieusement tourmenté. Cette union fantastique, marquée
de la lettre G, est appelée le Chêne-Charmé. Quelques pas encore et vous voici sur une route de chasse conduisant du Bouquet-du-Roi à la route de Fleury. Parvenu à cette route de
Fleury, coupez-la pour aborder le plateau du Mont-Fessas par
une route de chasse bien belle, bien ombragée. L'ayant parcourue
dix minutes, en traversant plusieurs autres routes, vous parviendrez sur un carrefour de cinq routes; coupez-le en en laissant une à votre gauche pour prendre celle qui vous conduira
directement à Fontainebleau, où vous arriverez en vingt minutes.

Nota. Les endroits de cette promenade où l'écho retentit le
mieux sont : la descente au désert et le sentier gravissant le
mont Ribera.

PROMENADE

Au Calvaire et Points de vue du Rocher des Forts des Moulins.

Développement total, 5 kilomètres.

Cette promenade, la moins étendue de toutes, est l'une des plus agréables et offre des points de vue éminemment pittoresques. Il convient également de ne la parcourir que dans l'après-midi et de la manière qui suit (1) :

Partez de la ville par la barrière de Melun, et prenez l'avenue qui borde la droite de la route. Parvenu à quelques pas au-delà du mur, vous pénétrerez dans la forêt par un chemin dont l'entrée est marqué d'une flèche bleu.

Ce chemin qui, après quelques pas, se transforme en plusieurs sentiers devra être suivi plutôt à gauche qu'à droite ; il traverse le bocage du rendez-vous de la fête de Notre-Dame, ainsi

(1) L'Itinéraire historique et descriptif de cette charmante promenade, y compris l'Itinéraire du parcours en voiture, se vend 50 cent., chez les Libraires et chez l'Auteur, rue de France, 33.

que plusieurs routes, pour aller aboutir sur l'étroite allée conduisant au Calvaire.

Parvenu dans cette jolie petite route du Calvaire, suivez-la jusqu'au-delà de quatre beaux pins du Nord, pour prendre, à cinquante pas plus loin, un sentier à gauche. Ce sentier, sillonnant et gravissant la gorge Nord du Calvaire, vous conduira en quelques minutes au pied de la croix, d'où vous jouirez d'un magnifique point de vue sur Fontainebleau et ses alentours.

De ce point de vue tournez la croix, en suivant la route de calèche à droite, et un peu plus loin prenez encore, à droite, un chemin moins sablonneux qui bientôt, en se rétrécissant, va vous ramener sur la route de voiture. Poursuivez cette route jusqu'au-delà de son encaissement entre une double haie de pins. Immédiatement en sortant de cet encaissement prenez, à droite, le sentier que vous indiquent nos flèches; il vous ramènera sur la route après avoir offert, à vos regards, plusieurs beaux rochers et des points de vue ravissants. Étant rentré sur la route de calèche, suivez-la quelques pas pour reprendre, à droite, un second sentier plus intéressant et plus délicieux encore que le précédent. Ces deux fragmens de mes créations pittoresques composent l'un des plus curieux et des plus agréables bouts du trajet de la forêt de Fontainebleau. Je les ai baptisés du nom de sentier de la Reine-des-Bois, à cause d'une figure en fonte bronzée naguère érigée par là.

Parmi les choses remarquables que l'on voit en parcourant ces deux jolis bouts de sentiers, et que nous avons signalées par numéros, citons celles-ci : Le rocher des Marsouins, 1; la roche au Puits-des-Écureuils et un très beau point de vue, 2; l'antre des Mastodontes et encore un très beau point de vue, 3; la grotte du Minotaure, 4; la roche de Cornélie, 5; l'antre N'y-entrez-Pas, 6; le sarcophage de la Reine-des-Bois, 7; l'oratoire de la Reine-des-Bois, 8; la roche du Léviatan, 9; l'antre et le passage du Retour, 10; la roche du Diable et très beau point de vue, 11; les Biscornues, 12 et 13; les rocher et grotte de Georgine, 14.

Un instant après avoir passé devant la grotte à Georgine vous vous retrouverez sur la belle route de calèche, route que nous devons, avec beaucoup d'autres, à M. Marrier de Boisdhyver, ancien inspecteur de la forêt; il l'avait consacrée à la

reine Amélie. Suivez-la, en descendant quelques pas seulement, pour prendre à gauche, entre les roches 15 et 16, le sentier de Délia, sentier que nous devons à notre conseil munici-
pal, ainsi qu'à M. Bournet qui en a dirigé les travaux. Les choses
très remarquables, qu'il va offrir à vos regards déjà merveil-
leusement charmés, sont une suite d'admirables points de vue
et de roches dont voici les numéros : Le point de vue du Levant,
15 et 16; la roche Ledieu, 17; roche et grotte de Délia, 18,
roche de l'Hippopotame, 19; rocher et belvéder de la Reine-
des-Bois, 20. En descendant de ce rocher vous remarquerez,
sur sa face méridionale, un bronze représentant l'image idéale
de la Reine-des-Bois, œuvre de l'un de nos concitoyens,
M. Adam Salomon, sculpteur.

Continuez la promenade en traversant la plate-forme du
point de vue du Fort des-Moulins et en descendant la belle route
Amélie jusque vers le débarcadère du Chemin de Fer.

Aux personnes qui, au lieu de prendre le Chemin de Fer, de-
vront continuer la promenade vers Fontainebleau, nous conseil-
lons le trajet que voici :

Reprenez la belle route Amélie que vous remonterez quelques
instants, c'est à dire jusqu'au premier sentier qui s'offrira à
votre gauche. Dirigez-vous par là et vous aurez des bois, des
ombrages, puis quelques roches encore passablement pittoresques, notamment le N° 21. Continuez le sentier à peu près directement jusque sur un carrefour où il se termine. Traversez
ce carrefour, en laissant tout chemin à droite et à gauche, pour
prendre la route de Notre-Dame-de-Bon-Secours. Ne la suivez
pas jusque vers la chapelle, mais seulement jusqu'au sentier
que nos flèches vous signaleront à votre gauche. Parvenu là,
continuez quelques instants encore sous les ombrages et la
promenade sera parfaitement accomplie.

Promenade à la Gorge aux Loups.

Aller et retour, 14 kilomètres.

ITINÉRAIRE DES PERSONNES A PIED (1).

Cette nouvelle et grande promenade, plus pittoresque et plus délicieuse encore que toutes celles déjà si belles, si ravissantes que nous avons antérieurement créées sur d'autres points de la forêt, ne sera certes ni la moins préférée, ni la moins parcourue. C'est l'une des plus riches en suaves et frais ombrages, en charmants points de vue, en rochers à la fois romantiques et pittoresques. Hier encore tous les merveilleux sites de ce côté étaient à peine connus, à peine explorés, faute d'issues, faute de chemins doux et faciles. Nous les aurions mis plutôt en lumière si notre temps, si nos deniers n'eussent été employés et absorbés ailleurs à la toilette de nos déserts. Mais heureusement qu'un généreux et sympathique concours nous est venu en aide; c'est à dire qu'au moyen d'une souscription, encore ouverte et dont nous rendrons incessamment compte, il m'a été possible de créer par là aussi une suite de sentiers-labyrin-

(1) A la fin de la promenade à pied, nous indiquerons la manière de l'effectuer à l'aide de voiture.

thes, véritable oasis de fées, offrant aux regards du promeneur, comme au pinceau de l'artiste, une foule de curieux et intéressants tableaux, d'immenses et admirables panoramas dont les perspectives, tantôt riantes, tantôt sévères, se succèdent comme par enchantement. Mais laissons à nos lecteurs le soin d'apprécier eux-mêmes, et occupons-nous principalement à bien diriger leur marche.

Partez de Fontainebleau par le palais en traversant la vaste et belle cour des Adieux, et celle de la Fontaine, moins grande mais plus jolie, pour passer ensuite devant la Porte-Dorée et arriver à la grille de Maintenon par la magnifique avenue de tilleuls séculaires qui sépare le parterre de l'étang. En longeant ce lac en miniature, donnez un coup-d'œil sur ses eaux dont la transparence vous permettra de contempler les carpes monstres qui s'y trouvent en quantité et prêtes à engloutir, dans leurs larges gosiers, le pain ou les gâteaux qu'il vous plaira de leur jeter.

Parvenu à l'extrémité de l'étang, c'est à dire à la grille de Maintenon, vous continuerez l'avenue jusqu'à la route de Moret, que vous franchirez pour vous diriger, non plus par cette large avenue qui va aboutir à la butte de Henri IV, mais par la route de chasse bien ombragée qui pénètre dans la forêt, à votre droite, et dont l'entrée est signalée par nos flèches indicatives.

Nota. La promenade de la Gorge-aux-Loups se confondant sur quelques points avec d'autres promenades, c'est pourquoi vous rencontrerez des flèches de différentes couleurs. Vous n'aurez égard qu'à celles peintes en jaune.

Donc, après avoir franchi le pavé de Moret et pris une route de chasse à votre droite, vous arriverez en peu d'instants sur le carrefour de la Plaine-des-Pins, carrefour entouré d'arbres à l'écorce bronzée et comme dorée. Traversez-le, en laissant deux routes à votre gauche et autant à votre droite, pour en suivre une devenue moins large et moins directe; en deux minutes elle vous conduira sur un rond-point étoilé d'un plus grand nombre de chemins. Coupez ce rond-point en laissant deux routes à votre droite.

Parvenu sur un carrefour plus joli et mieux étoilé d'allées en pins dorés, vous le franchirez en laissant à votre gauche deux de ces allées et autant à votre droite, pour préférer la

plus étroite et la plus séduisante. Elle va aboutir sur un carrefour de cinq routes que vous traverserez, en en laissant une
à votre gauche pour aborder presque immédiatement parmi les
grès du rocher Bouligny.

Les belles et grandes roches que vous allez apercevoir sur
votre gauche, et dont la principale, marquée du N° 1, est appelée la roche Buridan, appartiennent au Grand Bouligny.
Celles moins imposantes, sur votre droite, appartiennent au
Petit-Bouligny. Continuez quelques instants à suivre le chemin
le moins étroit et le plus fréquenté en traversant un tout petit et jeune taillis de chênes, de l'autre côté duquel le sentier
se divise en deux. Prenez à gauche celui qui gravit, en serpentant parmi les grès et les pins maritimes, pour arriver sur
la crête du haut Bouligny.

A chaque pas les roches vous apparaissent plus volumineuses, plus imposantes. Le N° 2 vous annonce que vous
allez traverser la grotte à Péjoux, antre formé par deux énormes blocs appuyés l'un sur l'autre.

Après avoir passé dans cette grotte et suivi quelques instants
les capricieux détours du sentier, vous arriverez sur le sommet
de la montagne et passerez entre les Mazarines, masses de
grès remarquables par leurs formes comme par leur volume;
elles sont marquées du N° 3. Continuez en traversant un chemin pour contourner la roche A, et jouir d'une vue pittoresque
sur Fontainebleau et vers les côteaux qui encaissent la Seine,
où s'aperçoit Héricy. En quittant ce point de vue, qui est appelé le belvéder Vinci, vous sillonnerez la suite des crêtes rocheuses en contemplant, à votre gauche, des gorges et des
collines que vous dominerez à pic, et dont les profondeurs accidentées et d'un aspect solitaire, vous plairont également. Sur
votre droite le sentier est flanqué de curieux amas de grès, qui
ne font qu'ajouter au pittoresque, entre autres les groupes
N°ˢ 4 et 5.

Voici un sentier qui dévie à droite ; prenez-le pour voir encore d'énormes roches, notamment l'Arche-de-Bouligny, marquée du N° 6, et ensuite plusieurs autres masses non moins imposantes. En passant contre ces pierres géantes le sentier va
descendre d'une manière assez tourmentée, pour vous conduire
bientôt sur un carrefour que vous couperez en laissant une
route à droite et trois à votre gauche.

Vous voici sur un sol découvert, mais tout à l'heure, en retrouvant notre sentier sur votre gauche, vous cheminerez, sinon parmi les nouvelles roches, du moins sous des bois indigènes dont de ombrages vous protégeront plus agréablement que le feuillage sombre et monotone des pins.

Le côteau que vous gravissez est le Mont-Merle. En arrivant à peu près sur le haut du plateau vous jouirez d'une assez belle échappée de vue, à votre droite, vers le parquet et le rocher du Long-Boa ; mais, parvenu au-delà d'une route de chasse et tout à fait sur le bord culminant d'une plate-forme dominant à pic une carrière de sable blanc, vous aurez le point de vue bien autrement complet, bien autrement vaste et d'un aspect diversement sauvage : ce sont, vers l'ouest, les chaînes de rochers du Long-Boa et de la Salamandre, les monts et rochers Morillon ; et, vers le sud, le rocher des Demoiselles, le montoir de Reclose, les Érables et Déluge ; et, plus rapprochée, la chaîne du rocher Fourceau toute dévastée et ruinée par l'extraction des grès.

De cette plate-forme, appelée le Belvéder occidental du Mont-Merle, et d'où vous contemplez tous ces monts et rochers couverts de bois, suivez le sentier toujours conformément à nos marques jaunes. Sa courbe légère, après deux minutes de marche, vous ramènera sur une route de chasse qui parcourt le plateau dans toute sa longueur. L'ayant suivi quelques instants vous arriverez sur un carrefour étoilé par sept routes toutes bien ombragées, aujourd'hui encore.

Traversez ce beau carrefour en laissant deux routes à votre droite, et dans quatre minutes vous arriverez sur un petit carrefour que vous couperez, en laissant une route à droite, pour prendre notre sentier qui va immédiatement vous conduire à l'entrée des tristes débris du rocher Fourceau ; ce malencontreux rocher qu'il ne nous a pas été possible d'esquiver, et dont la traversée, d'environ cinq cents mètres, est le seul trajet qui fait tache dans notre promenade, vous le franchirez en suivant la voie, tantôt plus ou moins large, plus ou moins directe, mais fréquemment indiquee par nos flèches qui la distinguent d'une foule d'issues que vous verrez à droite et à gauche.

Ayant laissé derrière vous tous ces décombres et tous ces vilains chemins, vous vous trouverez en face une route de chasse qui pénètre dans un jeune bois dont le verdoyant aspect vous sera plus agréable, gravissez-en la pente assez douce pour aborder le plateau des Ventes-Bourbon et vous trouver bientôt sur un joli carrefour de sept routes bien droites et bien ombragées. Traversez ce carrefour, en laissant deux routes à votre gauche, pour en suivre une qui forme un délicieux berceau de feuillages. Elle va directement à la Gorge aux-Loups et aux Forts-de-Marlotte. L'ayant parcourue huit à dix minutes en coupant un carrefour et plus loin un chemin, elle devient plus majestueusement ombragée par de beaux hêtres; mais, après avoir franchi un autre chemin très large, appelé la Route-Ronde, elle pénètre sous la voûte d'un bois plus élevé, plus grandiose, où vous entendrez davantage le chant des oiseaux, c'est à dire que vous vous trouverez sous les ombrages sévères de la belle futaie des Ventes-à-la-Reine. Continuez votre marche toujours directement, et bientôt le N° 7, à votre droite, vous désignera le Jadin, chêne des plus beaux du canton. Un peu plus loin vous verrez, à votre gauche, un chemin descendant dans une vallée également bien ombragée : c'est une des sept entrées de la Gorge-aux Loups. Au lieu de descendre par là, continuez quelques pas encore pour prendre, à votre gauche, un chemin qui, tout en semblant s'éloigner de la gorge, va bientôt s'en rapprocher et vous permettre de prendre, plus à gauche, un sentier à peine visible, mais dont les flèches et votre sagacité suffiront pour diriger convenablement votre marche.

En descendant ce sentier vous verrez, à quelques mètres sur la gauche, le chêne de Brivasac marqué du N° 8. Un peu plus bas le N° 9 va vous signaler l'entrée de la Gorge-Verte, sites dont les rochers, ombragés par des hêtres, des houx, des chênes, sont d'un aspect suavement pittoresque, surtout par les tapis de mousses vertes et soyeuses qui les recouvrent presque partout. Continuez à descendre pour pénétrer immédiatement, dans la Gorge-aux-Loups, parmi de très beaux chênes.

La Gorge-aux-Loups est une réunion de plusieurs sites très variés et charmants dans leurs détails, comme dans leur ensemble, qui forme le coin le plus délicieux et le plus pittoresque de la forêt de Fontainebleau. Elle comprend sept gorges ou entrées, et une superficie d'environ quarante hectares y compris les collines ; elle est d'autant plus intéressante et agréable à explorer qu'elle est riche d'ombrages, riche de points de vue et de beaux rochers ; mais surtout de belles études et de ravissants paysages. Ce n'est plus la Gorge-aux-Loups d'hier, la Gorge-aux-Loups à peine explorable, mais bien la Gorge-aux-Loups que nous sommes parvenu à rendre visitable en respectant toutefois les mille beautés qu'elle renferme, et auxquelles nous avons le plaisir de vous initier aujourd'hui. Oui, ici comme partout où nous avons mis en lumière les sites de nos déserts, nous avons apporté tous nos soins à en conserver le cachet, cachet qui ne se retrouve qu'à Fontainebleau ; nos signes indicateurs sont à peu près les seules choses qui le profanent.

Continuons notre ravissante exploration.

Nous voici amenés par notre sentier de la Gorge-Verte sur une route de calèche qui descend du Rocher-Bébée au centre de la grande gorge. Gravissons cette route entre deux chênes séculaires plantés là comme deux sentinelles ; mais contemplons la ceinture de ce charmant fond de cuve, la belle végétation qui le décore, ces amas de grès que la main de Dieu a si bien arrangés, si bien superposés, et d'où s'élancent tant d'arbres : des chênes, des hêtres, des houx.

Mais admirez le Tintoret et le Paul Véronèse, chênes dont au l'âge se perd dans la nuit des siècles, et se dressant fièrement milieu de ce chaos ! Admirez aussi les roches qui encaissent la sortie de la gorge ; comme tout cela est beau et artistement disposé ! La Grotte et le Rocher-Bébée, bordant le chemin à votre droite et marqués du N° 10, doivent leurs noms, dit-on, à une jolie actrice de l'Opéra qui illustra de sa présence ces lieux enchantés.

Étant parvenu sur le haut de cette très pittoresque sortie de la Gorge-aux-Loups, et sur un croisement de chemin, prenez à gauche celui conduisant vers la Mare-aux-Fées, appelée aussi la Grande-Mare et Mare des Forts de Marlotte ; nous aimons autant lui laisser le nom de Mare-aux-Fées.

Vous êtes d'abord ombragé par une jeune et belle futaie, tout en ayant à votre gauche une pelouse, un joli site encore que les vaches d'un hameau voisin de la forêt viennent parfois animer de leur présence.

Poursuivons notre délicieuse pérégrination, en suivant les

gracieuses sinuosités du chemin, pour nous retrouver en plein
sous les ombrages de la futaie, et déboucher presqu'aussitôt
sur le plateau de la Mare-aux-Fées. Suivons la route jusqu'à
l'angle formé par ces bois charmants qui encadrent le plateau
vers le sud et l'ouest. Parvenu à cet angle prenons, à gauche,
la route entre le bois et la mare et suivons-la une centaine de
pas pour prendre, à droite, le sentier qui pénètre sous les ombrages. L'ayant parcouru deux minutes, vous vous trouverez
de nouveau sur un grand chemin et en face de deux sentiers;
dirigez-vous par celui de gauche, et un instant après vous aborderez le belvéder des Pins, d'où vous aurez un joli point de
vue sur le hameau et la vallée de Marlotte, et bien loin par-delà
vers Nemours. Suivez les contours du sentier, parmi de modestes roches et la verdoyante végétation qui les accompagne, afin
de revenir sur le plateau de la Mare-aux-Fées pour en parcourir tous les ravissants points de vue; toutefois en ayant soin de
ne pas quitter le sentier qui, dans un instant, va traverser un
chemin plus large et vous conduire immédiatement au pied du
charme de Marie-Antoinette, arbre très beau, très remarquable
par ses trois tiges réunies et la vaste envergure de son ensemble; nous l'avons marqué du N° 11. A quelques pas plus loin
le N° 12 désigne le chêne de Molière, arbre non moins beau,
non moins remarquable.

Continuez pour pénétrer parmi des aubépins et des touffes
de genevriers, des genêts, des bouleaux et des pins, sans oublier les humbles bruyères; mais quel délicieux contour nous
décrivons sur le haut bord de ce plateau! Oh! nous voici au pied
du Charme Oranger! Reposons-nous un instant sur la pelouse
ombragée de son magnifique feuillage; son nom, gravé sur son
tronc, nous dispense de le profaner.

En quittant le Charme-Oranger le sentier contourne un point
culminant, marqué du N° 13, d'où l'on jouit d'un joli point de
vue sur une grande partie de la forêt : c'est le Belvéder-des-
Fées. Mais ce n'est pas tout, les mystérieux et capricieux détours de notre fil d'Arianne vont offrir, à vos regards déjà
émerveillés bien autre chose encore qu'il nous serait impossible
de vous décrire sans devenir par trop fastidieux. Il faudrait,
pour dépeindre largement la promenade qui nous occupe, une
autre plume que la mienne et des volumes entiers; aussi vais-je

continuer à vous signaler simplement les choses les plus dignes de fixer votre admiration.

Du Belvéder-des-Fées le sentier contourne donc, de mieux en mieux, les bords escarpés du plateau en passant par les sites et les points de vue éminemment pittoresques qui dominent la Gorge-aux-Loups. Le N° 14 indique le belvéder de Corot, point culminant composé de quelques belles roches accompagnées d'un superbe bouleau; mais la jolie vue, mais les beaux chênes, mais ces collines, ces profondeurs si bien décorées, si bien ombragées et d'un aspect si romantique!.....

Voici le N° 15 qui nous signale le passage de Longuet, antre formé dans les grès, et surtout par une roche remarquable accompagné d'un beau genevrier. En sortant de cet antre vous passerez au pied de quelques-uns des vieux chênes qui décorent et ombragent la partie du plateau appelée le Dormoir. Ensuite le N° 16 indique le point de vue de Greuze; tout aussitôt le N° 17 en signale un autre non moins pittoresque : c'est le belvéder d'Abel de Pujol, point d'où la vue plonge avec délices dans de profondes et ravissantes solitudes. Le N° 18 indique le Cabat, chêne séculaire tout caduc, tout délabré, bien des fois reproduit par les paysagistes.

En quittant ce vieux chêne vous rentrez sur le plateau parmi une végétation plus jeune, plus vivace, et dont l'aspect s'harmonise également bien avec la nature du sol. Cependant nous allons passer entre deux chênes de plusieurs siècles, dont celui de gauche est sillonné par la foudre du côté opposé au sentier. En vous éloignant de ces deux frères contemporains, jetez un dernier regard sur l'ensemble du plateau de la Mare-aux-Fées, ses bocages, sa pelouse, et encore sur ses vieux chênes.

Adieu donc plateau de la Mare-aux-Fées, adieu tes charmants points de vue! Mais, ô délices! à peine avons-nous incliné sur la droite et décrit une courbe d'une centaine de pas que nous nous retrouvons dans de nouveaux sites, dans de nouveaux enchantements! ce sont de nouvelles échappées de vue, de nouvelles touffes de genevriers, des chênes, des bouleaux, des roches, et une suite non interrompue de choses plus pittoresques encore que tout ce qui précède! Mais continuons notre fil d'Arianne entre ces deux autres vieux chênes marqués du N° 19, et qui semblent postés là comme dernières sentinelles du labyrinthe des Fées. En quittant leurs ombrages vous cheminerez sous des hêtres, sous des charmes, pour descendre et couper un chemin qui se précipite, à droite, dans un encaissement d'arbres et de rochers très pittoresques.

Cet encaissement, appelé la descente des Fées, forme l'une des principales issues de la Gorge aux Loups.

Mais arrivons vers le N° 20, qui indique le commencement de la principale section des rochers de la Gorge-aux-Loups, et d'où la vue plonge délicieusement sur l'ensemble de cette issue, véritable descente de Fées en effet. Ces roches, ces ombrages, ce vieux chêne à cheval sur un roc, et le nom d'Augusta, sa digne marraine, amante des plus ferventes et des plus fidèles à nos déserts, tout cela est plus que beau.

Continuons notre étroite galerie sillonnant le haut de la colline, et où vont se succéder une suite de tableaux toujours nouveaux et plus ravissants les uns que les autres.

Le N° 21 désigne le Cicéri, chêne remarquable, avoisiné de quelques belles roches. Un peu au delà, en gravissant davantage vers le sommet, le N° 22 vous indique le passage Bruandais, antre étroit et d'équerre formé par les grès. En sortant de cet antre quel coup d'œil encore ! quel aspect vous offre cet autre site, cet autre chaos d'arbres et de rochers, toutes ces saisissantes profondeurs !..... Quelques pas de plus et la scène change tout à fait, nous voici en dehors de l'abîme et abordant les pampas du plateau ; mais ce n'est pas pour longtemps, car tout aussitôt le sentier vous ramène sur la pente d'une descente parmi des houx, des bouleaux ; et immédiatement le N° 23 nous indique le Ruysdaël, vieux chêne creux et penché contre une roche qu'il couvre et abrite de ses feuillages.

Un peu plus loin, en descendant parmi les houx, le N° 24 vous désigne le rocher Lesueur, masses de grès imposantes, ainsi que l'antre qu'elles forment, et qui sont décorées par deux hêtres magnifiques.

Continuez votre exploration en donnant un coup d'œil sur tout ce qui vous entoure ; remarquez ces deux chênes tout délabrés, tout décharnés, et partant de la même souche. Cette double ruine ajoute singulièrement à l'aspect du site ; mais elle n'a plus longtemps à braver les éléments ! Immédiatement le sentier se divise en deux ; prenez à gauche, en gravissant vers le N° 25, pour passer dans un déchirement de grès encore plus saisissant : c'est le passage Morgan. Entre les blocs énormes qui l'abritent au midi se voit l'un des plus beaux bouleaux de la forêt : c'est l'Alcibiade; il semble dressé là comme pour protéger l'entrée de cette solitude où vous apercevez quantité de houx verts et piquants qui la défendent déjà bien assez.

Ayant gravi et descendu cet abrupt calvaire, vous reverrez de nouvelles profondeurs diversement ombragées et où s'entrevoit le Marillhat, chêne élégant et colossal dont la belle cime domine tout son entourage.

En continuant le sentier, qui alors incline sur votre gauche et remonte un peu, vous apercevrez le N° 26 et de formidables masses de grès dont les fissures forment des antres remarquables : ce sont les roches de Martin-Hugue.

Ayant dépassé ces imposantes masses on descend dans un oasis d'arbres et de rochers, sinon plus saisissant, mais plus intéressant encore et plus délicieux à visiter : c'est la gorge de Géricault. Les houx, les charmes, les hêtres, les vertes mousses, tout y plaît, tout y est romantique et plein de poésie. Le N° 27 vous désigne le Courbet, triple et vieux chêne qu'il ne faut pas dépasser sans jeter un regard à votre gauche pour voir l'antre d'Asmodée, fissure large, profonde et des plus saisissantes. Ensuite le sentier domine très agréablement encore les profondeurs de la Gorge-aux-Loups, et va vous ramener bientôt vers le plateau, mais toujours parmi de jolies et ravissantes choses. Le N° 28 désigne le passage de la roche Alaux, sorte d'encaissement assez vaste d'abord, et dont la sortie, assez étroite et montante, aboutit sur les grès du haut bord du plateau. Vous voici aux pieds et sous les ombrages de trois chênes réunis, dont le plus remarquable, marqué du N° 29, est le chêne de Grénier. De là notre fil d'Arianne se dessine sur la pelouse du plateau pour vous ramener presqu'aussitôt dans les rochers, et vous permettre d'explorer encore, en peu d'instants, une suite d'admirables sites : le N° 30 vous signale tout d'abord quelques arbres séculaires du pied desquels vous dominerez, pour ainsi dire à pic, de nouvelles et profondes solitudes. Ensuite les N°ˢ 31, 32 et 33 vous indiqueront que vous parcourez la galerie de Rosa-Bonheur, galerie assez bien encaissée, assez bien décorée de hêtres et d'autres pittoresques végétaux; mais surtout vers le N° 32, endroit réellement charmant.

Ayant descendu de ce point au N° 33, en cheminant parmi un pêle-mêle d'arbres et de rochers toujours variés, toujours intéressants, vous vous trouverez parmi les Breughel, masses de grès isolées les unes des autres, et dont les plus formidables sont marquées des N°s 34 et 35. Le sentier se dessine en losange et va vous conduire, en pente assez douce, au pied de l'Arbre-Fleuri, hêtre non bien grand, mais d'une forme présentant l'aspect d'un magnifique oranger. Nous avions établi autour de son tronc une table et des bancs en gazon, dont il ne reste plus guère d'apparence ; mais la chose qui rendait cet arbre l'un des plus curieux de la forêt de Fontainebleau, c'était une épine blanche qui, l'avoisinant, pénétrait dans son tronc à un mètre au-dessus du sol, et en ressortait plus haut pour se confondre avec les branches du hêtre et porter au-dessus de leurs cimes la sienne, qui, lors de la floraison, ressemblait à un magnifique panache. Malheureusement l'ignoble et stupide malveillance n'a point respecté ce phénomène, et nous n'avons plus l'Arbre-Fleuri.

Outre tous les sites et tous les arbres remarquables auxquels nous venons de vous initier, la Gorge-aux-Loups en possède encore d'autres également dignes d'être visités et admirés, et vers lesquels il nous manque environ cinq cents mètres de sentier, que nous eussions volontiers tracés si, déjà, ceux ouverts partout ailleurs n'eussent absorbé au-delà les offrandes reçues jusqu'ici. Mais dans la pensée que, parmi les nombreuses personnes qui viennent se récréer dans la forêt de Fontainebleau, il s'en trouvera toujours bien assez pour nous venir en aide et pouvoir dire : « Moi aussi j'ai coopéré à rendre accessible ces lieux enchantés. » nous allons indiquer, comme si ces cinq cents mètres de sentier existaient, les beautés pittoresques qui les attendent.

De l'Arbre-Fleuri retournez pendant une minute sur vos pas, c'est à dire jusque vers la roche marquée de la lettre A, pour vous diriger ensuite, à gauche, conformément aux flèches, et effectuer votre marche en ayant à votre droite les hauteurs de la gorge sans vous éloigner de la base des rochers. La lettre B va vous signaler le rocher et le chêne Marilhat que vous n'avez qu'entrevu ; mais que vous allez contempler dans leur aspect le plus beau et le plus parfait. Un peu plus loin la lettre C vous indiquera l'oasis de Schopin, site très joli de fraîcheur et d'ombrage, où les rochers, les antres et les accidents divers, décorés de mouss s et de lichen, puis d'arbres séculaires tels que le hêtre, le charme et le rustique chêne, offrent à la fois quelque chose de romantique et de suavement pittoresque.

La lettre D, que vous allez apercevoir à cent pas à votre droite, indique la descente des Fées vue dans sa partie la plus intéressante et la plus spacieuse. La masse de grès la plus considérable qui vous apparaît est la roche des deux Aspasies. Continuez votre exploration sans vous diriger vers cette roche; suivez toujours la direction de nos flèches parmi les vieux chênes, les nêfliers, les genévriers, en contemplant la suite des charmants tableaux que vous offre successivement la colline sur votre droite. Mais quels jolis genévriers que voici, et quelles belles études d'arbres, surtout ceux qui avoisinent la roche marquée de la lettre E : ce quadruple chêne est le Coypel.

La lettre F vous indique que vous êtes à l'extrémité orientale de la Gorge aux Loups, et que vous allez tourner les quatre derniers chênes séculaires qui en décorent le fond : ce sont les quatre Jones.

Après avoir passé derrière ces quatre vieux chênes, vous revenez vers l'Arbre Fleuri en longeant le taillis, à votre droite, et en revoyant, sous un aspect différent et plus agréable encore, les sites dont vous venez de côtoyer la base.

Mais remarquez à dix pas de vous le Salomon, chêne creux et vermoulu dont l'âge se perd dans la nuit des siècles, et qui est une de nos belles études d'arbres. Son voisin, plus jeune et marqué de la lettre G, est le Bonnameaux. Un peu plus loin, en suivant toujours la lisière du bois taillis, la lettre H vous indiquera le Puget, chêne tout à fait éventré et souvent reproduit par les paysagistes.

Vous voici à la pointe du taillis et sur un chemin que vous suivrez à droite, pendant quelques pas, pour le quitter en prenant, à gauche, sous les vieux chênes qui vous appellent là, tout près, et dont plusieurs ne sont point à dédaigner non plus comme étude.

Vous allez passer près le Dunois, hêtre de plusieurs siècles marqué de la lettre J, et digne aussi de votre attention. Du pied de cet arbre vous allez arriver immédiatement sous le hêtre d'où vous êtes parti pour explorer le complément de sites que vous venez de voir.

Étant revenu au pied de l'Arbre-Fleuri il faudra, pour continuer la promenade vers Fontainebleau, reprendre le sentier et
le suivre en coupant immédiatement un chemin de voiture et
passer près des deux derniers beaux chênes de ce canton, c'est
à dire le Vélasquez et le Murillo, colosses marqués des
Nᵒˢ 36 et 37.

Le côteau que vous gravissez est le Montoir-des-Écuries-de-
la-Reine. Le sentier, en pente assez douce, vous conduira en
dix minutes sur le haut de la colline, dont le sol dépourvu de
roches et diversement boisé présente un aspect qui ne vous
déplaira pas. Parvenu tout à fait sur le haut de la montagne,
vous ne tarderez pas à apercevoir une carrière de grès en exploitation; continuez le sentier, en coupant successivement plusieurs chemins de voiture, pour arriver ensuite vers la pointe
du plateau parmi de jeunes pins et quelques vieux chênes, et
d'où vous jouirez successivement de plusieurs belles échappées
de vue sur divers points de la forêt, et même par-delà de ses
limites; cette pointe du plateau est appelée le belvéder de la
Gorge-aux-Loups Autrefois on l'appelait les Écuries-de-la-
Reine, parce que jadis quelque reine, étant à suivre la chasse,
fit probablement stationner ses équipages en cet endroit. Il est à
regretter qu'ici comme sur d'autres points intéressants de la forêt,
on ait laissé détruire le cachet primitif du site par l'exploitation
des grès et par l'envahissement des pins. Cette plate-forme et
l'immense point de vue dont on y jouissait, il y a dix ans, ne
sont plus rien à comparer à ce qu'ils étaient à cette époque;
aussi n'ai-je prolongé notre sentier par là que dans l'espérance
de sauvegarder les restes de ces beautés pittoresques. Puisse t-
on y avoir égard!

Continuez votre marche par le chemin qui contourne ce point
de vue, pour arriver bientôt sur un carrefour que vous traverserez, en laissant un chemin à votre gauche et deux à droite,
pour retrouver notre sentier. Un instant après vous couperez
un autre carrefour, en laissant deux chemins à droite et autant
à gauche, chemins horriblement dégradés que l'on est heureux
de pouvoir fuir.

Vous voici mieux ombragé et parcourant la partie orientale
des Ventes-Bourbon; ce ne sont plus ni des pins, ni des chênes, ni des broussailles, mais un joli et jeune bois de hêtres aux
feuillages plus doux et plus suaves. Après l'avoir parcouru

quatre à cinq minutes, vous déboucherez sur un carrefour qu'il faudra franchir en laissant une route à votre droite ; dès lors vous cheminez sur une belle route de chasse également bien ombragée ; parcourez-la environ cinq minutes, c'est à dire jusqu'au premier carrefour que vous rencontrerez, et où vous retrouverez notre sentier en laissant deux routes à droite et trois à votre gauche. Les ombrages se continuent, mais les arbres sont plus variés que tout à l'heure ; le charme et le chêne y dominent.

Après quelques centaines de pas, vous couperez une route de chasse pour continuer encore le sentier parmi les ombrages d'un taillis ; ensuite vous déboucherez sur une autre route de chasse, et plus large et plus belle, qui vous conduira directement au point de vue des Ventes-Bourbon, plate-forme située à l'extrémité orientale du plateau, et d'où vous jouirez d'un coup d'œil admirable sur la forêt, ainsi que bien loin au delà de ses limites du côté de la Bourgogne : la vaste étendue de bois que vous dominerez semble un immense lac vert entouré de ses falaises, qui sont : sur la droite le Long Rocher, sur la gauche le Mont-Andart ; puis encore à droite, mais plus rapproché, s'élèvent le Haut-Mont et la Malmontagne ; tout à fait au fond de l'horizon ce sont les côteaux vers Nangis et Valence, puis vers Montereau, etc., etc.

En quittant ce très beau point de vue inclinez à gauche pour retrouver notre sentier, et descendre dans la vallée d'Entre-Fourceau en passant au pied du chêne de Bélidor, remarquable par son immense chevelure qui comprend un diamètre de plus de vingt mètres ; cet arbre est marqué du N° 38. En le quittant vous traverserez un chemin de voiture, pour pénétrer parmi les pins et revoir quelques modestes roches.

Vous voici tout à l'heure sur une jolie route bordée d'un côté par un bois de pins, et de l'autre par des chênes plus intéressants : le N° 39 vous signale une suite de roches et d'arbres ornant pittoresquement les légères courbures de votre chemin. Continuez quelques instants encore pour arriver sur le carrefour de la vallée Fourceau, que vous couperez en laissant une route à droite et deux à gauche, c'est à dire en prenant notre sentier, parmi les pins et les bruyères, pour vous acheminer vers la pointe orientale du Mont-Merle. Bientôt vous allez gravir et aborder un chemin que vous suivrez, à droite, pendant un instant pour retrouver notre sentier à gauche et gravir une pente plus prononcée; mais patience et courage car, en abordant la partie culminante de la montagne, vous allez jouir d'un point de vue plus vaste et plus beau encore que celui que vous venez d'admirer à la pointe du plateau des Ventes-Bourbon. En contournant le haut bord du mamelon, vous dominez à peu près à pic la route de Montigny, et vos regards, en planant sur une très vaste étendue de la forêt, iront se perdre dans un horizon beaucoup plus vaste et sans limite.

A peine avez vous contourné ce belvéder qu'un autre point de vue s'offrira à vos yeux tout émerveillés : c'est la chaîne et les crêtes du rocher d'Avon, à l'extrémité nord desquelles s'entrevoit Fontainebleau. Continuez encore quelques instants en négligeant tout chemin à droite, et vous allez retrouver, à votre gauche, notre sentier et immédiatement une suite d'autres points de vue toujours plus beaux, toujours plus surprenants. Ce point blanchâtre, qui vous apparaît, dans la direction de Marlotte, entre la gorge des Étroitures, est le sommet des côteaux qui environnent Nemours; si vous avez un cor de chasse ou une simple corne, l'écho semblera vous répondre de par là bas. Continuez à parcourir votre chemin aérien, et vous remarquerez un fond plus lointain encore sur votre gauche en arrière.

Vous allez quitter ce bord escarpé, dernière vue du Mont-Merle, et couper une route de chasse pour aller gagner le versant nord de la montagne et descendre vers le rocher Bouligny. Parvenu au bas de la descente vous traverserez un carrefour, en laissant une route à droite, et vous arriverez en peu d'instants vers le rocher que l'on appelle la Queue-de-Bouligny. Vous voici à l'entrée des grès; avancez en coupant un carrefour; cent pas plus loin votre chemin se divise en deux : prenez, à gauche, notre sinueux sentier et suivez-le sans avoir égard au chemin que vous allez de nouveau traverser. Ce troisième déluge de roches, que vous commencez à parcourir, va offrir à vos regards quelques échappées de vue; mais principalement des grès dont plusieurs sont assez remarquables, soit par leur volume, soit par leurs formes fantastiques, entre autres l'Abatos désigné par le N° 40. Un peu plus loin, après plusieurs détours à travers la crête hérissée de la montagne, le N° 41 vous indiquera le Grand-Chapron, roche plus imposante.

En quittant cet énorme grès, mais un peu plus bas sur votre

droite, le Nᵒ 42 marque le Lingot, non pas d'or pur de Californie, non pas celui de quatre cent mille francs mis en loterie,
mais tout simplement un lingot de grès de belles formes et de
belle couleur pour le paysagiste. Prenez garde tout à l'heure en
passant devant le Nᵒ 43, c'est le Men-hirr du rocher Bouligny,
pierre levée et penchée. Un peu au-delà le Nᵒ 44 vous indiquera la roche de Janus, ainsi nommée à cause de ses deux
faces bien différentes; cette roche est également remarquable
par sa situation et son énorme masse.

Enfin vous allez descendre dans la gorge du rocher Bouligny
où l'on se voit comme enfermé; mais le chemin où vient s'embrancher votre sentier va immédiatement vous sortir de cette
Thébaïde. Continuez, en traversant une plantation de pins du
Nord et ensuite un chemin de voiture, pour suivre celui qui
vous fait face, et dont les ombrages de chênes sont plus attrayants. Encore quelques minutes de marche, et vous allez
couper la route de Montigny pour suivre une centaine de pas
encore directement et prendre, à votre gauche, le sentier de la
Châtaigneraie, ainsi nommé à cause de la plantation de châtaigniers qu'il parcourt. Négligez toute issue à droite. Parvenu
vers une modeste roche marquée de la lettre M, le sentier se
divise en deux : prenez à gauche. Le Nᵒ 44, près duquel vous
allez passer, vous désigne l'abri d'Agar, dernière des roches remarquables de la promenade, derrière laquelle se montre un
beau rameau de genevriers, accompagné d'un bouleau non
moins beau, non moins gracieux. Bientôt vous allez quitter les
châtaigniers pour retrouver des pins et des chênes; mais voici
un carrefour de huit routes non compris notre sentier : c'est le
carrefour du rocher d'Avon.

Traversez-le en laissant deux routes à votre droite; celle que
vous allez suivre vous conduira plus directement et plus pittoresquement vers le château, où vous arriverez dans un quart-
d'heure. Parcourez-la en négligeant tout autre chemin, soit à
gauche, soit à droite.

Vous voici sur une large avenue aboutissant vers le parterre en face le jet d'eau; cette avenue est le mail du
Bréau, lieu ordinairement destiné aux fêtes publiques. Suivez-
la en coupant la route de Moret pour prendre, non pas la
première, mais la deuxième belle allée qui s'offrira à votre
gauche. Cette allée, bien verdoyante et ombragée par des pins

et des peupliers de Hollande, vous conduira en un instant à la grille de Maintenon, point de départ et de rentrée de la promenade.

Nota. Les endroits de cette grande et belle promenade où l'écho est le plus remarquable, sont :

1° Le sentier gravissant vers le point de vue occidental du Mont-Merle; 2° différents points de la Gorge-aux-Loups; 3° le sentier sillonnant le haut-bord méridional du grand belvéder du Mont-Merle; 4° descente du Mont-Merle au rocher Bouligny.

PROMENADE EN VOITURE

VERS LA GORGE AUX LOUPS.

Ainsi que nous l'avons dit ailleurs l'état affreux des routes en beaucoup d'endroits de la forêt, et celles parcourables aujourd'hui pouvant devenir impraticables d'un moment à l'autre, ne permettant pas de dresser avec détail et d'une manière précise l'itinéraire des promenades en voiture, force nous est donc de nous borner à indiquer sommairement ce genre de promenade qui, du reste, s'effectue toujours bien à l'aide de cocher connaissant la forêt.

Itinéraire.

Carrefour de la plaine des Pins. — Pointe du rocher Bouligny. — Montoir de Reclose. — Rocher des Demoiselles, et pied à terre pour parcourir la plus intéressante partie du sentier Bournet. — Carrefour des Demoiselles. — Débris de la très ancienne futaie du Déluge. — Plateau de la Cave-aux-Brigands, et bocages des Mélèzes variés à divers autres pittoresques végétaux. — Carrefour des Forts-de-Marlotte.

Nota. A partir de ce point nous allons vous diriger, comme

par la main, pour effectuer la partie la plus intéressante de la promenade.

Le carrefour des Forts-de-Marlotte, étoilé de neuf routes et entouré de bois superbes, est l'un des plus beaux de la forêt. Son nom lui vient de ce que les hauteurs du plateau du côté de Marlotte furent jadis fortifiés.

Nous disons qu'étant parvenu au carrefour des Forts-de-Marlotte, il faudra vous diriger par la jolie petite route qui pénètre sous les ombrages du bois le plus jeune, et dont l'entrée est signalée par une flèche peinte sur un arbre. L'ayant parcourue quelques instants, vous arriverez sur un carrefour que vous traverserez en laissant une route à votre droite et deux à votre gauche. Vous allez arriver à la sortie des bois qui vous ombragent, et, sur une croisière de quatre chemins, d'où vous commencerez à dominer la gorge, dite de l'Arche, et à découvrir Bourron et son castel, qui remonte au-delà de Henri IV. Mais cette vue est peu de chose, coupez la croisière, en laissant un chemin à votre gauche et un à droite, pour arriver immédiatement sur une autre route que vous suivrez à gauche pendant une centaine de pas, c'est à dire jusqu'au premier sentier que vous verrez à votre droite. Ici vous mettez pied à terre pour prendre par ce sentier, et votre équipage continuera la route de chasse quelques centaines de pas pour arriver au premier carrefour où il vous attendra, tandis que de votre côté vous suivrez notre fil d'Arianne, dont le développement, de quatre à cinq cents mètres sur le haut bord du plateau appelé l'esplanade des Forts-de-Marlotte, offrira à vos regards un point de vue le plus beau et le plus vaste de la promenade. A chaque pas que vous avancerez, un immense panorama se déroulera comme par enchantement, et bientôt vous dominerez tout une contrée dont l'horizon s'étend à perte de vue, notamment du côté sud-est vers le Gâtinais. A vos pieds s'étalent blanchement les riants villages de Marlotte et de Bourron. Plus loin, sur un fond parsemé de bois et de bocages, se montrent moins gaiement, moins visiblement Grès, Moncourt, la Genevraye, Fromonville, Nemours, et une infinité d'autres pays plus ou moins considérables. Cette espèce de crête, qui sur le dernier plan vers le sud-ouest pointille dans l'horizon, est le chapitre de Larchant, fondé sous le règne de Philippe-Auguste. Mais lorsque vous avez sillonné à peu près les trois quarts de ce contour

escarpé, et que vos regards se dirigent vers l'est-nord, quelle
différence d'aspect! quel autre tableau vient succéder à tous
ces riches pays, à toutes ces fertiles campagnes! Et, en effet,
ces âpres rochers, ces sombres et sauvages déserts font un saisissant contraste avec ce que vous venez de contempler. Ces
rochers, ces déserts ne sont autres que les gorges des Etroi-
tures et quelques mamelons du Long-Rocher, sites des plus
agrestes de notre forêt.

Ayant achevé de contourner l'esplanade des Forts-de-Marlotte
et remonté en voiture, continuez la promenade en suivant la
route qui semble se diriger vers les déserts dont il vient d'être
parlé, c'est à dire vers l'est, celle d'où vous aurez encore, malgré les arbres, quelques échappées de vue sur votre droite.
Après l'avoir parcourue un instant, vous passerez sur un carrefour de cinq routes en prenant la première à votre gauche,
elle vous conduira immédiatement sur un autre carrefour également de cinq routes. Coupez-le, en en laissant une à votre
droite, pour pénétrer sous les ombrages d'un bois de chênes
et de charmes.

Vous voici tout à l'heure sur un plus joli carrefour que vous
traverserez directement pour pénétrer sous un bois plus joli
encore. Parcourez cette jeune futaie quelques instants, jusqu'à
la première croisière de quatre chemins, et prenez celui à droite
qui est des plus attrayants.

Vous arrivez à la sortie de la futaie sur un carrefour qu'il
faut traverser en laissant une route à votre gauche, malgré son
écriteaux. Continuez, entre la jeune futaie et le bois nouvellement coupé, pour aborder bientôt, à la fin de ces bois, sur le
travers d'une route et à l'entrée du plateau de la Mare-aux-
Fées, plage dont l'aspect plus pittoresque offre quelque chose
de plus varié. Ce sont des arbres séculaires de différentes espèces : des chênes, des charmes, puis des genêts, des aubépins, des genevriers, tout cela décorant une pelouse embau-
mée par le serpolet, et où se montrent çà et là quelques modestes
grès, ou du moins leur surface. Quant à la Mare-aux-Fées,
appelée aussi la Grande-Mare, puis Mare des Forts-de-Marlotte,
vous verrez que c'est peu de chose; mais en somme l'ensemble
du site est, ainsi que je l'ai dit plus haut, fort joli et des plus pittoresques. C'est ici, plus que partout ailleurs, où il faut explorer
pédestrement afin de n'échapper aucun des cent ravissants ta-

bleaux que nous sommes parvenus à mettre en lumière en
traçant le sentier que vous allez prendre, au pied du charme
de Marie-Antoinette; là, à dix pas du chemin où vous venez
d'arriver en abordant le plateau.

Donc, mettez pied à terre et dirigez-vous près de ce bel arbre; puis, pour la suite, voyez à la page 7 et ligne 19 du présent Itinéraire. Mais dans une demi-heure ou environ, lorsque
vous serez dans le bas de la Gorge-aux-Loups, précisément au
pied du hêtre appelé l'Arbre-Fleuri, il ne faudra pas franchir
le chemin de voiture que vous verrez à deux pas au-delà de cet
arbre, vous le suivrez à gauche, toujours à gauche, et il vous
ramènera au-dessus de la gorge, par le rocher Bébée, où vous
rejoindrez votre équipage qui, du plateau de la Mare-aux-Fées,
n'aura eu qu'à suivre pendant quelques cents pas le chemin
sur lequel vous vous en êtes séparé.

Étant remonté en voiture, à la sortie du rocher Bébée, vous
pourrez vous rendre vers Fontainebleau par la magnifique futaie
des Ventes-à-la-Reine, et ensuite par le plateau et le point de
vue des Ventes-Bourbon, puis par le chemin de Montigny et
l'avenue de Maintenon.

PROMENADES

A la Vallée de la Solle et au Rocher des Cristaux.

Développement total, 14 kilomètres.

ITINÉRAIRE.

Partez de Fontainebleau par la barrière de Paris en vous dirigeant à droite, sur la pelouse, entre les ormes qui forment un bout d'allée cintrée dont l'entrée est signalée par une flèche peinte sur un arbre; ce signe indicateur vous le retrouverez à l'entrée de chaque route, de chaque chemin que vous aurez à suivre; si toutefois la malveillance et la jalousie du bien que l'on a pas fait, et que soi-même on est incapable de produire, veulent bien se lasser de le faire disparaître. Mais en lisant avec quelque attention le présent itinéraire, on effectuera la promenade comme si l'on était conduit par la main.

Il en sera de même pour toutes les autres promenades destinées à être parcourues pédestrement.

Donc de la barrière de Paris, ayant incliné à droite entre les ormes et marché un instant sur la pelouse, vous prendrez le sentier qui s'offre devant vous et forme un étroit couloir de verdure et d'ombrage; ce sentier longe un chemin plus large pour s'en éloigner, tout à l'heure, en coupant successivement plusieurs routes de chasse. Alors vous commencez à gravir la Butte aux Aires par une pente douce.

Les bocages qui vous abritent vont s'entremêler d'abord de quelques pinadas, puis d'épines blanches et noires et autres arbres sauvages rendant votre sentier plus sombre et plus mystérieux.

Vous voici sur le haut de la montagne parmi des cépées de charmilles et débouchant sur une petite route bien droite, bien jolie. L'ayant parcourue une centaine de pas, entre le taillis et une futaie d'un aspect plus sévère, le N° 1 vous désignera la Chaise de Christine de Suède, chêne dont le tronc, divisé en trois arbres, forme une sorte de siége. Continuez la délicieuse petite route pour arriver, en moins de deux minutes, sur le beau carrefour de la Butte aux Aires que vous traverserez, en laissant une route à votre gauche, pour pénétrer sous l'imposante futaie du Gros-Fouteau, futaie déjà vieille du temps de François Ier. Ici vous retrouvez notre sentier ombragé de la manière la plus splendide par des hêtres et des chênes gigantesques, dont plusieurs portent les traces de la foudre, entre autres le chêne de Walter que vous verrez à vingt pas sur la droite du sentier et marqué de la lettre A.

Bientôt le N° 2 va vous signaler le Superbe, chêne des plus beaux et des plus majestueux du canton. A quelques pas au-delà vous cheminerez sur une petite route de calèche également jalonnée et bordée de véritables colosses, principalement le Jean-Bart marqué du N° 3. Voici un carrefour où vous retrouverez notre étroit sentier en laissant deux routes à votre gauche. La futaie se continue toujours belle, toujours imposante; le N° 4 vous désigne le Nicolo del Abbate, chêne quatre à cinq fois séculaires. Plus loin, au N° 5, c'est le Jules-Romain, chêne non moins imposant. Vous allez traverser une route de chasse pour parcourir la seconde section du Gros-Fouteau, et passer tout d'abord au pied du Bonano, chêne penché, marqué du N° 6, et dont le nom rappelle l'architecte fondateur de la tour de Pise. Un peu plus loin le N° 7, ou chêne de Lubrun, arbre formidable encore et fier comme un potentat. A quelques instants au-delà le N° 8 indique une seconde tour de Pise, chêne penché d'une manière tout à fait imposante; c'est le Girodet. Tout aussitôt, après avoir dépassé cet arbre, vous apercevez, à trente pas sur la gauche du sentier, le Molongo, chêne remarquable par sa forme fantastique, et marqué du N° 9.

Continuez votre marche sous la voûte magnifique de ce bois sacré, en passant près du Couder et ensuite au pied du Picot, chênes quatre à cinq fois séculaires, et portant l'un le N° 10 et l'autre le N° 11.

Vous allez quitter la haute futaie, en coupant deux chemins de voiture, pour aborder les platières de la Solle, parmi les houx et les genevriers, sans exclure quelques végétaux plus importants.

Mais voici que le sentier descend et devient plus agreste, plus tourmenté; c'est le commencement des rochers de la Solle : remarquez tout d'abord cette roche, ce hêtre, étude à faire envie au meilleur peintre. Ce joli petit site, indiqué par le N° 12, est le rocher d'Eugénie. A deux pas au-delà c'est encore un joli tableau composé de hêtres et de roches mieux disposés, mieux groupés; puis vient le N° 13 signalant le belvéder de Nicolas Poussin, station délicieuse d'où l'on jouit d'une vue plus délicieuse encore sur les gorges, sur les rochers et sur une immense étendue de la forêt; puis, par delà ses limites du côté de la Brie, se montre la tour du Châtelet, plus loin le clocher de Mormant, et même les ruines de Blandy.

En quittant cette ravissante station, vous descendez les détours du sentier en passant dans l'antre du rocher Valentin, marqué du N° 14, et dont les crêtes représentent des sortes de monstres fabuleux.

Ayant contourné la base de ces pierres, à la fois formidables et fantastiques, notre fil d'Arianne remonte un peu et va vous diriger parmi d'autres sites plus attrayants et plus pittoresques encore. Le N° 15 indique que vous sillonnez la gorge de Claude Lorrain, lieu ravissant d'ombrages et d'accidents variés.

En sortant de cette oasis de fées, le N° 16 vous annonce que vous allez franchir le passage du rocher Jean Goujon, site également délicieux. Voici deux énormes pierres dont est marquée du N° 17; ce sont les roches Milton. Au-delà le N° 18 vous signale la gorge Staël, endroit charmant encore à la sortie duquel se montre la roche Corinne marquée du N° 19. Derrière cette roche se trouve l'oasis de Paul et Virginie, station réellement délicieuse d'ombrage et d'aspect.

En continuant le sentier vous allez entrevoir, sur la droite, quelques beaux chênes dont le principal, marqué du N° 20, est le Désaix.

Vous voici revenu sur le haut bord de la platière, et dominant bientôt d'une manière plus vaste les profondeurs de la vallée de la Solle, surtout lorsque vous contournerez le belvéder d'Ingre désigné par le N° 21.

De ce point culminant le sentier décrit une courbe très prononcée, en vous ramenant parmi les hêtres et les genevriers, pour vous soustraire pendant quelques instants à l'ardeur du soleil, et vous ménager un point de vue plus vaste encore que celui que vous venez de contempler : c'est le belvéder de Lavoisier ; vous le reconnaîtrez par le N° 22 et par les quelques hêtres qui le décorent

En quittant ce très beau point de vue le sentier descend soudain dans l'antre de Raoul, dont une des roches paraît comme suspendue et prête à vous ensevelir dans cet étroit couloir; nous en avons signalé l'entrée par le N° 23. De là vous continuez à descendre la colline, en pente assez douce, pour parvenir au fond des gorges de la Solle en parcourant une suite de sités et de points de vue toujours plus beaux, toujours plus variés, parmi les humbles bruyères qui vous accompagneront à peu près partout.

Le N° 24 vous indique la roche Milet et ses voisines non moins remarquables; 25, le Dolmin de la Solle, sorte de pierre druidique. Cette colline, cette jolie montagne de forme à peu près conique qui vous fait face de l'autre côté de la route de calèche, là tout près, c'est le Mont-Jussieux

Le N° 26 vous signale l'antre Hubert et Delaroche; 27, roche et grotte de Jules Dupré; 28, la Chaise Curule; 29, la station de Gilberte et les Inséparables, hêtres soudés et réunis d'une manière très remarquable. Encore deux pas et vous voici sur le carrefour des gorges de la Solle, ou plutôt au milieu de l'un des sites les plus pittoresques et les plus ravissants de la forêt de Fontainebleau. Chaque chemin, chacune des issues aboutissant sur ce point offrent une variété d'aspects et de pompe végétale qui vous séduisent et vous laissent l'embarras du choix : la première route à droite, lorsque vous arrivez sur ce délicieux carrefour, conduit au rendez-vous de la Solle; la deuxième, non moins séduisante, que vous voyez entre un taillis de chênes et les hêtres séculaires qui, à droite, l'ombragent mieux encore, conduit également au rendez-vous de la Solle, mais d'une manière bien plus agréable et par une suite d'oasis et de bosquets charmants. C'est ce chemin que l'on prend lorsqu'au lieu d'effectuer la promenade du Rocher aux Cristaux, on ne veut en parcourir que la première section dont le trajet, de 9 kilomètres, résume parfaitement les beautés de la forêt. Dans ce cas on parcourt cette route conformément aux flèches croisées qui l'indiquent jusque sur un carrefour de cinq routes où l'on retrouve le tracé venant du Rocher des Cristaux et passant près d'un hêtre magnifique portant le N° 61.

Mais poursuivons notre exploration vers ce remarquable rocher, non seulement à cause de la cristallisation exceptionnelle qu'il recèle, mais pour voir une infinité de sites et de points de vue des plus pittoresques et des plus saisissants.

Donc, pour se rendre vers le Rocher des Cristaux, franchissez le pittoresque carrefour des gorges de la Solle, en laissant un chemin à votre gauche, pour suivre notre sentier tout d'abord en passant au pied d'un énorme et superbe bouleau, et parmi une foule de genevriers.

Ayant cheminé quelques instants au milieu de ces agrestes pampas, votre fil d'Arianne va se diviser en deux : prenez l'embranchement qui incline à gauche pour pénétrer dans la vallée du Grand-Men-hir, et passer au pied du Troyon, hêtre magnifique de forme et d'ombrage, marqué du N° 30. Gravissez la pente non fatigante de cette étroite vallée, en en contournant le fond de cuve, pour venir passer près le Grand-Men-hir, roche droite et d'une hauteur remarquable, portant le N° 31. Ensuite le sentier fait un détour plus tourmenté, plus capricieux, en coupant les grès et en passant près d'un hêtre séculaire ; puis près le N° 32 désignant la roche et la grotte de Guignet.

A deux pas au-delà le N° 33 vous indique de vous arrêter une seconde, et de jeter un regard à droite sur l'arbre de Louis XI, genevrier le plus vieux, le plus rageur de la forêt, et d'un aspect réellement farouche.

Continuez à sillonner la crête des rochers en dominant, à votre gauche, la vallée du Grand-Men-hir, et, à votre droite, la vallée de Rachel, gorge étroite et profonde.

Voici le N° 34 désignant l'oasis Delacroix, réunion de roches avec leurs vertes mousses, et d'arbres les uns vieux et vermoulus, les autres plus jeunes, plus coquets, le tout composant un fort joli site.

Vous allez gravir un peu plus rustiquement la montagne, et passer dans l'antre du Sanglier, passage marqué du N° 35, et dont la sortie se termine par un grès qui offre l'aspect d'une hure monstrueuse. Un peu plus haut le N° 36 désigne la grotte de Meissonier.

Parvenu tout à fait sur le haut des rochers, le N° 37 vous signalera un grès assez remarquable et dont le sommet, facile à aborder, vous permettra de contempler d'une manière plus vaste le point de vue qui s'offre vers l'est : c'est la roche de Saint-Marcel. A quelques pas plus loin vous passerez sur le bord de la mare aux Ligueurs, mare tarissable qui fut creusée par eux à l'époque où ils établirent, tout près delà, la première route qui exista entre Melun et Fontainebleau, et qu'improprement on nomme route Adimps au lieu de chemin des Ligueurs.

Continuez le sentier, en laissant cette humble mare à votre droite, pour passer immédiatement sur le bord d'une fontaine tout aussi humble, et dont les eaux seraient précieuses pour l'explorateur si le bassin qui les contient était arrangé et approprié, ce qui certes coûterait fort peu ; espérons que cette amélioration aura lieu, ainsi que p'usieurs autres également peu dispendieuses et non moins utiles. En attendant disons que cette fontaine portera le nom de la personne qui, par sa générosité en aura rendu l'eau saine et potable. Elle est tout près, à droite, avant d'arriver à la roche 38. Au-delà, en contournant les bords du rocheux plateau, vous passerez parmi de jolis genevriers de formes pyramidales; et tout à l'heure sur le belvéder des gorges de la Solle, point de vue des plus beaux et des plus pittoresques de la promenade; vous en aborderez la partie culminante jusque vers le N° 39. Reprenez votre sentier en passant près le N° 40, qui vous signale le Robert-Fleury, l'un des plus gracieux genevriers de la forêt. Les grès qui le protégent ajoutent assez bien à l'aspect du site. Aussitôt le N° 41 vous indique la roche et la grotte de Nazon.

Vous allez pénétrer au Dormoir de la Solle, lieu pelousé et ombragé principalement par des hêtres séculaires, puis entouré de genevriers et autres agrestes végétaux. Suivez notre tracé, en négligeant toute issue à droite comme à gauche, pour passer tout à l'heure près quelques vieux chênes, et ensuite sur

le bord d'une carrière de grès en exploitation ; mais, à deux
pas de là, un assez beau hêtre, marqué du N° 42, vous attend et
semble vous convier à venir vous reposer sur le gazon qu'il
ombrage : c'est l'arbre de la Réunion. En quittant ce délicieux
abri de berger vous passerez sur une croisière de chemin,
en en laissant un à gauche et deux à votre droite, alors vous
pénétrez dans les bois taillis qui ombragent les hauteurs occi-
dentales de la Solle parallèlement, et à très peu de distance de
la route Adimps ou chemin des Ligueurs.

Après avoir, pendant quelques minutes, parcouru ces taillis
et coupé d'autres chemins de voitures, le sentier contournera
le haut bord d'un mamelon d'où vous aurez de belles échappées
de vue : cet espèce de promontoir est le mont de Guise. Les
bois et les ombrages deviennent plus mystérieux et d'un aspect plus solitaire; puissent-ils être respectés longtemps encore! Du moins si on laissait une triple rangée d'arbres sur
chaque côté de nos plus intéressantes promenades....... Espérons que l'on finira par comprendre qu'en cela on ferait, non
seulement chose agréable pour les curieux voyageurs, mais en
même temps productive pour l'état.

Ayant contourné le haut bord du mont de Guise et coupé
une cavalière qui descend dans la vallée, notre sentier, continuant à sillonner les hauteurs, va, en peu d'instants, vous
amener sur un chemin plus large et tout aussitôt sur la soi-
disant route Adimps. Cette route, dont le véritable nom eût été
réhabilité si l'administration n'eût pas perdu de vue ma demande à cet égard, est le trajet le plus court pour arriver de
Fontainebleau vers le Rocher aux Cristaux; mais en mauvais
état d'un bout à l'autre, et n'offrant ni un site, ni le moindre
point de vue, elle n'est parcourue que par les personnes qui
n'en connaissent pas d'autre.

Donc, au lieu de la suivre pour gagner la Belle-Croix, coupez-la pour prendre la verdoyante route de chasse qui vous fait
face; vous aurez trois cents pas de plus à parcourir, mais vous
n'en aurez pas plus de fatigue et un admirable point de vue de
plus, c'est à dire le plus intéressant et le plus vaste de toute
la promenade. Hâtons-nous d'y parvenir en suivant la route
de chasse jusqu'au premier mauvais chemin que vous allez
rencontrer : ce chemin est appelé la Route-Ronde. Traversez-

le, pour retrouver notre sentier, en laissant à gauche la belle
route de chasse.

Alors le taillis que vous parcourez est plus jeune que ceux
que vous venez de traverser; le sol en est un peu pierreux,
mais vous n'en serez pas moins bien ombragé. Vous allez, en
quelques minutes, déboucher sur une étroite route de calèche,
et immédiatement sur le belvéder des monts Saint-Père, plate-
forme d'où vous allez, ainsi que je viens de le dire, jouir d'un
admirable point de vue vers l'ouest, heureuse diversion avec
tout ce que vous avez vu jusqu'ici! Sur la droite, c'est la longue chaîne du rocher Cuvier; à votre gauche, c'est le grand
mont Saint-Père; plus loin, du même côté, ce sont les rochers
qui limitent et enferment une partie du vallon des gorges d'A-
premont.

La vallée que vous dominez, et à l'extrémité de laquelle se
montre l'antique et opulente futaie du Bas-Bréau, est appelée
la vallée du Rocher-Cuvier. Par-delà les limites de la forêt,
tous ces fonds lointains qui se perdent dans l'horizon ce sont
les contrées où se trouvent Fleury, Perthes, Courance, Saint-
Germain, Montgermont, Ponthierry, Auverneaux, Chevannes,
le Tertre-Blanc, etc., etc.

Ayant contemplé ce très-beau point de vue, inclinez à droite
pour continuer la petite route de calèche qui bientôt vous amènera sur un chemin pavé et en face d'amas d'écales de grès
provenant de l'exploitation des carrières, tristes débris de la dé-
vastation de nos beaux rochers!

Suivez ce chemin pavé pour arriver immédiatement sur les
platières de la Belle-Croix, sites très agrestes et pittoresques
par ses rocs, ses pelouses, ses petites mares, et surtout par les
vieux chênes qui l'ombragent et le décorent de tous côtés.
Continuez en laissant la Belle-Croix derrière vous d'une centaine de pas, et ensuite portez-vous à deux mètres sur la gauche de la route pour voir de près, et sur toutes ses faces, le
vénérable Clovis, chêne tout vermoulu, tout éventré, et dont
l'âge se perd dans la nuit des siècles, d'ailleurs le N° 43 vous
l'indiquera.

Là, au pied de cette ruine, sur le gazon qui entoure en même
temps la petite mare qui l'avoisine, une station, un doux repos
assaisonnés d'une champêtre collation ne pourraient qu'ajouter

à l'agrément de la promenade, d'autant mieux qu'on n'en a effectué que la moitié.

Le Rocher aux Cristaux est à quelques cents pas de cet agreste site. Dans la pensée que la grotte découverte l'année dernière, par le manouvrier Benoist en cherchant des cristaux, sera sous peu arrangée et rendue visitable, nous allons continuer notre exploration comme si la chose était faite.

En quittant le chêne de Clovis, vous reprendrez le grand chemin que vous suivrez l'espace de soixante à quatre-vingts pas pour prendre, sur la droite, le sentier indiqué par nos flèches, sentier qui peut-être sera transformé en une route de calèche; mais, qu'importe! avançons, et figurons-nous que tous les décombres qui aujourd'hui obstruent et gênent quelque peu notre marche sont disparus. Nous voici parmi d'anciennes carrières, les N°ˢ 44, 45 et 46 désignent le banc de grès dont les excavations, visibles aujourd'hui, étaient jadis des poches closes et remplies de cristaux dont il ne reste plus que des vestiges tout mutilés. Remarquez, au-dessous de la lettre A, ce dessin produit par l'oxide de fer : on dirait une statue renversée représentant une femme costumée et drapée d'une manière assez distincte.

Ici prenez, à votre droite, entre les deux monticules principalement boisés de pins; c'est là, tout en pénétrant dans cette sorte de gorge que vous verrez, à droite, tout contre le chemin, la Grotte Benoist, si toutefois nos espérances se réalisent.

Quant à la description de cette grotte, voir à la fin du présent Itinéraire. Continuons notre exploration en revenant vers Fontainebleau, par des sites plus remarquables et plus pittoresques encore que ceux déjà parcourus.

Étant engagé entre ces deux monticules, dont celui à votre droite recèle la grotte, suivez la gorge, à la sortie de laquelle vous couperez un chemin pour retrouver notre sentier entre un bouleau et un houx magnifiques. Vous avez à parcourir quelques instants encore un sol dégradé et profané par la main de l'homme; mais ensuite vous cheminerez parmi des sites et des points de vue qui ont été jusqu'à présent épargnés : c'est à dire que vous allez sillonner les crêtes du rocher Saint-Germain, dont le N° 47 indique le commencement, et en même temps un joli petit site composé d'un

hêtre, d'un bouleau et de quelques belles roches encadrées et
décorées par ces deux gracieux végétaux, là, sur la droite du
sentier. Avancez, et les crêtes, devenant plus saillantes, plus dé-
gagées, vont offrir à vos regards de plus belles choses, de plus
beaux points de vue, entre autres celui que vous allez dominer, à
droite, à partir du N° 48 au N° 49 : c'est l'esplanade de Diaz.
De ce sommet la vue surplombe presqu'à pic sur les profondeurs de la gorge Paul Delaroche, site imposant et d'un aspect
à la fois sauvage et pittoresque. Plus loin se montre encore la
belle et vaste vallée de la Solle, mais sous une nouvelle physionomie ; elle vous apparaît ici comme un lac vert encaissé
de ses falaises.

Avancez encore en descendant quelques pas sur votre gauche,
pour parcourir la galerie d'Arago, site réellement féérique par
es profondeurs qu'il domine à gauche, et par le rempart de
curieuses roches qui le protégent contre le soleil du midi, et
du sommet desquelles on jouit de points de vue admirables ;
on peut les aborder sans trop de difficulté. Mais continuons
notre sentier délicieusement ombragé entre cette formidable
muraille de grès et l'abîme qu'il domine ; n'oublions pas, toutefois, de jeter un regard sur les plus remarquables de ces grès,
entre autres celui près le N° 50 : on dirait un animal fabuleux
en train de becqueter un autre grès. Le N° 51 désigne la Roche-
Souffrée, ainsi nommée à cause d'une substance d'un beau jaune
qui se renouvelle annuellement à plusieurs endroits de sa surface. Le N° 52 indique que vous pénétrez dans l'antre de la
pointe St-Germain, passage formé par le déchirement de la crête
des rochers, et à la sortie duquel vous allez jouir d'un très beau
point de vue, appelé le belvéder de la Chavignerie. Plusieurs des
grès qui terminent cet abrupt et saisissant couloir semblent
prêts à se précipiter dans la vallée, notamment celui appelé la
Tête-du-Diable, qui est le plus menaçant et d'une forme tout
à fait fantastique ; nous l'avons marqué de la lettre C.

En descendant la montagne le point de vue, quoique devenant moins vaste, vous apparaîtra sous un aspect séduisant :
vous voici parmi d'énormes grès, et sur un sol où la nature a
conservé son cachet primitif ; vous revoyez des genevriers séculaires ; le N° 53 vous en signale un très vieux, très remarquable par sa physionomie tourmentée et capricieuse : c'est
le Gigoux. A quelques pas plus bas le N° 54 va vous en

signaler un moins rageur, mais plus vieux encore et décorant très pittoresquement le site d'où il s'élève : c'est le genevrier de Saint-Louis. Toutes ces énormes masses de grès qui l'enferment, de près comme d'un peu plus loin et qui composent l'un des pêle-mêles les plus imposants de nos rochers, se nomment les roches de Biéra.

Au milieu de ce déluge de pierres géantes, notre sentier va se diviser en deux : d'un côté comme de l'autre on arrive à bien, mais prenez à droite en descendant dans l'antre Thévard, le trajet n'en est que plus curieux et plus imposant. En sortant de cet antre remarquez un bouleau singulièrement accidenté. A quelques pas au-delà le N° 55 vous indique l'antre Michel, passage plus abrupt et plus imposant.

En quittant l'antre Michel, vous continuerez à descendre parmi les grès et les vieux genevriers, presque partout rageurs et farouches; mais, en compensation, les humbles bruyères en fleurs et les hêtres au doux feuillage vous accompagnent aussi fréquemment. Vous allez couper tout à l'heure un chemin de voiture, puis plus loin un autre et prendre à droite, à quelques pas au-delà, pour arriver sur le carrefour de la Roche-qui-Tête, appelé ainsi à cause de la singulière adhérence d'un grès avec le chêne que vous voyez là, près de ce carrefour, et que nous avons marqué du N° 56; vous êtes alors au milieu des gorges du rocher Saint-Germain.

Traversez le carrefour de la Roche-qui-Tête, en laissant un chemin à votre droite, pour continuer notre sentier et revoir encore plus que tout à l'heure des rochers, des genevriers, des hêtres, accompagnés de quelques vieux chênes et de remarquables bouleaux. Mais comme toute cette nature est belle et admirable dans ce déluge de pierres et de végétaux ! Comme tout cela est merveilleux vu dans tous ses détails comme dans son ensemble! A chaque pas c'est un nouveau tableau, un nouveau site toujours plus beau, plus agreste et plus surprenant.

Ah! nous voici en face le N° 57 et au pied du chêne du roi Robert, chêne dont l'âge est inconnu, et qui, étendant ses cent bras sur les rochers, qu'il semble protéger, ombrage en même temps la station la plus solitaire, et dont l'aspect vous étonne et vous charme à la fois. Pénétrons dans cet antre, dans ce couloir plus mystérieux et plus saisissant, pour continuer de détours en détours l'exploration d'une suite d'encaissements et de labyrinthes plus étranges, véritable et merveilleux dédale que la main de Dieu seul a su arranger......

Voici un autre vieux chêne, au tronc vaste et à la barbe rude, c'est le Charles V; le Nº 58, tout près de là, vous l'indique. Passons et tâchons de sortir de ce chaos dont les accidents, de plus en plus multipliés et formidables, absorberaient dix fois, cent fois votre attention, votre admiration, et dont la nomenclature seule remplirait un volume; toutefois mentionnons le Nº 59 signalant la station de Calau, site plus éclairé, plus aéré et décoré d'un beau hêtre. Plus loin, après avoir passé encore entre une infinité d'énormes roches et contemplé d'autres vieux et capricieux genevriers, le Nº 60 vous désignera l'entrée du passage aux Cinq-Caveaux, souterrain traversant le rocher Beaumont-Elie.

Ayant passé dans ces sortes de catacombes et cheminé quelques pas au-delà, vous verrez le sentier se diviser en deux; négligez celui à votre gauche, et dans une minute vous aurez laissé derrière vous toutes les belles horreurs du rocher Saint-Germain; c'est à dire que vous allez vous trouver à l'entrée de la vallée de la Solle et sur un carrefour de plusieurs chemins. Coupez-le, en laissant une route à votre gauche, pour prendre celle bien ombragée et bien verdoyante conduisant directement au carrefour de la Solle, dont vous apercevez le poteau indicateur.

Étant parvenu sur ce carrefour étoilé par huit belles routes de chasse, traversez-le, en en laissant trois à votre gauche et autant à droite, pour arriver, en cinq minutes, sur un autre carrefour situé à l'entrée du Tivoli de la Solle et au pied du Mont-Chauvet.

Vous couperez cet autre carrefour, en laissant deux chemins à votre gauche, pour retrouver notre sentier, là, sur la droite de ce hêtre magnifique marqué du Nº 61; c'est le Télémaque. Mais, avant de pénétrer dans le sentier, jetez un regard autour de vous sur cette clairière, sur ce site si bien entouré, si bien composé de hêtres, de chênes, de bouleaux non moins pittoresques, et surtout de très jolis genevriers.

Ceci est d'un aspect plus doux, plus suave que les formidables grès du rocher Saint Germain, n'est-ce pas? Toutefois nous en reverrons encore des grès, et même de très remarquables et très imposants; mais leurs variétés de formes, mais les pompes végétales qui les accompagnent et les décorent, mais le féérique sentier à l'aide duquel nous allons vous initier à cette fin de la promenade, vous feront sinon oublier la partie explorée, mais du moins reconnaître que c'est là l'Éden le plus délicieux de la forêt de Fontainebleau.

Après avoir franchi le carrefour et passé au pied du Télémaque, vous marchez sous de frais et charmants ombrages en rencontrant tout d'abord le Trident, chêne séculaire marqué du N° 62. Un peu plus loin le N° 63 désigne le Bournington, chêne plus vieux, plus imposant, et aussi beau de ton que de forme. Vous revoyez des rochers et passez dans des couloirs toujours bien ombragés et décorés de superbes genevriers. Poursuivez les capricieux détours de notre sentier pour voir mieux encore : témoins le N° 64 signalant l'oasis de Léon Cogniet, site délicieusement pittoresque par l'arrangement des grès tapissés de mousse qui le composent et des arbres qui le décorent plus admirablement ; immédiatement le N° 65 va vous engager à diriger, sinon votre marche, du moins vos regards vers le Charlot, chêne très remarquablement situé sur un beau groupe de roches ; vient ensuite le N° 66 indiquant le chêne de la Roche Plate. A deux pas au-delà le N° 67 désigne le Michel-Ange, chêne cinq à six fois séculaire et d'un aspect sévère, avec son petit-fils d'une centaine d'années au moins. Continuez les circuits accidentés de notre fil d'Arianne, et le N° 68 vous désignera le Prudhon, chêne superbe et bien élancé.

Tout aussitôt vous allez traverser la route du Tivoli de la Solle, route très jolie de fraîcheur et d'ombrage comme tous ces lieux enchantés que vous parcourez.

Ayant coupé cette route le sentier, quoiqu'à peine marqué, vous conduira sans coup férir dans la deuxième section du Tivoli : vous passez tout d'abord près la Salle de Bal, lieu entouré et ombragé par des hêtres dont un, le Davergne, est marqué du N° 69. C'est là où jadis la bourgeoisie de Fontainebleau venait en partie, et danser des nuits entières dans la belle saison. Longez cette Salle de Bal en cheminant sous des hêtres bien plus beaux, bien plus remarquables, principalement le Talma, marqué du N° 70, et mieux encore le 71, qui est le Bouquet de la Solle. Un peu plus loin c'est le Flandin, chêne de quatre cents ans, marqué du N° 72, et dont la cîme est empreinte des traces de la Foudre. Ensuite le N° 73 indique le Couture, autre chêne plus élégant et remarquable par la bifurcation de sa grande et belle tige. Voici le N° 74 désignant le Guarpe, hêtre colossal et magnifique Un instant après vous allez passer entre les deux David, hêtres également très beaux et marqués du N° 75. Continuez votre marche délicieuse, parmi ces beaux arbres et ces ravissants bocages, pour passer tout à l'heure entre les Vernet, chênes séculaires très remarquables et bien dignes du pinceau des artistes dont ils portent le nom. On les appelle aussi les Trois-Frères. Ils sont indiqués par le N° 76.

En quittant ces trois chênes vous abordez le carrefour du Tivoli de la Solle. Ici, comme en maint endroit de nos pittoresques déserts, je vous dirai de vous arrêter un instant pour contempler du site qui vous entoure toutes les issues, tous les aspects, ou plutôt toutes les beautés qui s'offrent à vos regards, ces arbres, ces genevriers, ces pampas, comme tout cela est riche d'attrait et de fraîcheur!

Traversez le carrefour, en laissant une route à gauche, pour prendre celle moins large, mais non moins attrayante, allant à la fontaine du Mont-Chauvet. L'ayant suivie quelques instants, jusqu'à l'endroit où elle se divise en deux, le site se présentera sous un aspect plus imposant et plus sévère, car vous vous trouverez auprès du Mont-Chauvet et à l'entrée de la gorge où apparaissent sur la gauche les roches de la Dame-Blanche, dont la principale, toute béante, est marquée de la lettre V; cette ouverture n'est rien moins que l'entrée d'une grotte. Mais le groupe de rochers indiqué par le N° 77, et le plus rapproché de l'endroit où le chemin se bifurque, est plus digne encore de votre attention : les grès, sans être aussi volumineux, sont mieux groupés, mieux décorés de végétaux et plus riches de couleur. Remarquez aussi cette roche trouée, perforée en plusieurs endroits, puis cette autre pierre élancée comme un monument druidique : c'est le Men-hirr du Mont-Chauvet.

Continuez votre exploration par le sentier de la Dame Blanche, en négligeant celui à votre droite.

Ayant pénétré dans la gorge et contourné d'énormes masses de grès, appelées les Colombelles et indiquées par le N° 78, vous passerez près du rocher de Couvrance, ainsi nommé

à cause d'une roche qui sailli d'une manière remarquable
et forme une sorte d'abri; elle porte le N° 79. Un peu plus
haut c'est un antre à la sortie duquel on a un point de vue;
plus haut encore ce sont d'autres sites, d'autres points de
vue. Mais parvenu tout à fait sur le sommet du rocher, le
N° 80 vous annoncera que vous allez aborder le belvéder du
Mont-Chauvet, point de vue plus vaste et plus remarquable.
Quelques pas encore et vous voici au pied du vieux chêne,
gardien de la modeste fontaine dont l'eau est d'autant plus
précieuse que c'est à peu près la seule potable que l'on trouve
dans la forêt de Fontainebleau. Ce lieu, délicieusement ombragé et contigu à de belles roches, de beaux points de vue,
est certainement l'un des sites les plus pittoresques et les plus
fréquentés. On y a établi des tables, des bancs en gazon; vous
y trouverez non seulement de l'eau, mais aussi quelques autres
rafraîchissements, tels que vin, bière, limonade, tenus par
des personnes qui soignent la fontaine et approprient ses
abords.

C'est parmi le groupe de grès, là, tout près, signalées par
la lettre A, que se voient la roche appelée le Char-des-Fées et
la grotte de Paul et Victorine. On voit aussi, attenant à ce groupe,
une petite roche dont l'excavation contient des noms et des dates
remontant à près de deux siècles. Mais la chose la plus intéressante du site, c'est le point de vue dont on jouit du sommet des
rochers qui recouvrent et enferment la grotte de Paul et Victorine; c'est le belvéder de Muller, le N° 81 vous l'indiquera.

En quittant la fontaine du Mont-Chauvet vous aborderez, à
deux pas plus haut, la route de calèche appelée route tournante des hauteurs de la Solle, et naguère route de la Reine-
Amélie; vous la suivrez à droite, c'est à dire vers le sud-ouest,
pour aller gagner le rocher des Deux-Sœurs. Le premier vieux
chêne que vous allez voir, sur la gauche de cette route, est appelé l'Arbre de la Cigogne, parce qu'un volatile de cette espèce
est venu s'abattre et mourir sur sa cime il y a une douzaine
d'années.

Continuez à suivre la route contournant le haut bord de la
vallée: voici le Samson, chêne à la nervure vigoureuse et colossale dont l'âge est inconnu; la lettre B le désigne. Tout
près de cette imposante étude d'arbre se montrent les Deux-
Jumeaux, double chêne partant de la même souche et égale-

ment remarquable de force et d'aspect ; ils portent la lettre C.
A quelques pas de là vous contournerez le belvéder de Rô-
queplan, plate-forme d'où l'on a de très belles échappées
de vue sur la vallée de la Solle et par-delà sur la droite.
Voici la lettre D qui vous désigne le Béranger, hêtre magnifique, le plus beau de la forêt. C'est au pied de cet arbre
que, pour la première fois, en 1836, je rencontrai l'illustre
poète dans nos pittoresques déserts. Continuez pour voir immédiatement sur le côté opposé les Unis-comme-Eux, réunion
de hêtres séculaires également remarquables. Un peu plus loin,
après avoir laissé, sur votre gauche, un double hêtre encore
digne d'attention, vous arriverez sur un nouveau point de vue,
et en même temps à l'entrée du sentier des Deux-Sœurs que
vous prendrez à droite de la route où se montre la lettre E. Ce
sentier, la première et l'une de mes plus intéressantes créations,
offre çà et là des bouts de trajet dont la pente est un peu rude,
et que je ferai adoucir dès qu'il me sera possible.

Mais, en attendant, abordons-le en descendant près d'un
vieux hêtre, et parmi d'assez belles roches ombragées aussi
par un vieux chêne à votre droite. Négligez toute issue moins
battue et suivez de préférence le sentier paraissant le plus fréquenté quelque capricieux qu'en puissent être les détours. Voici
la lettre F qui vous signale un très beau point de vue appelé
le belvéder de Gros. Immédiatement la lettre G désigne le rocher Larminat, composé de belles masses de grès offrant, des
deux côtés des aspects très divers et curieusement imposants.
Suivez quelques pas encore cette galerie, d'où vous dominez si
bien les profondeurs du site, pour incliner ensuite à gauche
entre d'autres roches non moins belles, non moins remarquables, et passer aussi parmi des fourrés de houx toujours verts,
toujours piquants. Voici un vieux chêne dont la base s'étendant
singulièrement sur un grès, présente une ténébreuse cavité,
c'est le Montalembert; il est marqué d'une croix. Le trajet, les
rochers, tout devient de plus en plus solitaire et d'un aspect
sombre. La lettre M vous annonce un passage plus sombre,
plus mystérieux, mais encaissé d'une manière formidable, c'est
la galerie du rocher de Jean-Jacques Rousseau, à la sortie de
laquelle vous verrez l'Actéon, hêtre séculaire qui semble posté
là comme pour en protéger la sortie.

Ayant gravi vers ce passage étroit et franchi son intérieur

en équerre, le sentier devient moins abrupt et descend, en tournant brusquement à droite, pour traverser le petit Rendez-Vous des Artistes, l'un des plus jolis sites de la promenade que vous reconnaîtrez aussi par la lettre N. Le milieu de ce site est une petite plate-forme encaissée dans une gorge formant fond de cuve et dominant elle-même, presqu'à pic, une autre gorge qui en est la suite ; mais ce fond de cuve, mais les deux côtés et le devant de la gorge sont si heureusement disposés, si bien accidentés et si richement décorés par la végétation qu'il ne manque là que de l'eau pour en faire le plus charmant paysage. Ne dirait-on pas, en effet, que du milieu de ce pittoresque pêle-mêle de grès, entassés les uns sur les autres et si bien tapissés de mousses, vont s'échapper des jets d'eau, des cascades pour en entretenir la fraîcheur et en compléter l'attrait?..... Voyez la belle étude que forment ce vieux chêne et ce jeune hêtre partant de la même souche ! Adieu site délicieux ! adieu ravissant chaos de la Solle !.....

En quittant la plate-forme du petit Rendez-Vous des Artistes, suivez le sentier contournant la colline, à votre gauche, en négligeant celui qui descend à droite ; tout aussitôt vous vous trouverez près de la lettre O, et jouirez d'un magnifique point de vue. Mais gravissez, à votre gauche, cet abrupt escalier pour arriver sur le belvéder des Deux-Sœurs, roches marquées de la lettre P, et d'où vous aurez une vue plus admirable encore.

Ayant contemplé ce point de vue, descendez reprendre le sentier pour passer dans le rocher des Deux-Sœurs, site composé d'une suite de belles roches et de plusieurs petites plate-formes ou stations pittoresquement ombragées et décorées de tertres et de tables, soit en gazon, soit en pierres arrangés et disposés, comme à la fontaine du Mont-Chauvet, par des personnes qui tiennent également des rafraîchissements.

Le rocher des Deux-Sœurs, rendu accessible sous la restauration, par M. Larminat, conservateur de la forêt, ne doit point son nom, comme on serait tenté de le supposer, à quelqu'événement tragique, à quelque romantique histoire ; mais tout simplement à une galanterie, à un procédé de courtoisie envers les deux filles de M. le conservateur. Ce sont des officiers

de hussards de la garde royale qui gravèrent, sur la principale
roche du site, l'inscription suivante :

ROCHER DES DEUX SOEURS,
1829.

Voilà, au su et vu de toute la ville de Fontainebleau, la seule
et courte, mais incontestable histoire de notre rocher des Deux-
Sœurs. Jamais, avant cette date, il n'avait porté ce nom ni
aucun autre ; néanmoins mon *ami* Alexis Durand, ignorant
moins que personne la chose, mais qui probablement a eu ses
raisons pour déposséder ce site de sa véritable origine, n'a pas
manqué, dans son livre des Quatre Promenades, de lui en at-
tribuer une fabuleuse et controuvée qu'il fait remonter au quin-
zième siècle, et par laquelle il substitue, aux filles de M. de Larminat, deux princesses du nom de Jeanne et Marie. Ceci est as-
surément plus pompeux et prête davantage à la poésie, c'est possible ; mais la simple vérité me semble à moi plus logique et en
même temps plus équitable. Que l'on applique d'une manière
plus ou moins heureuse, ainsi que je l'ai fait en tant d'endroits
de la forêt, des noms, des baptêmes, pour en désigner et faire
reconnaître tout ce qu'elle renferme de plus remarquable, cela
se conçoit et se tolère jusqu'à un certain point. Toutefois, en
n'approuvant pas mon *ami* Alexis Durand, je suis loin de vouloir lui imputer à crime d'avoir fait ici du roman comme il en
a fait au rocher du Fort-des-Moulins, au rocher des Demoiselles, ainsi qu'au rocher d'Avon et ailleurs encore, du roman
non pas comme en font les Alexandre Dumas, les Eugène Sue,
ni tant d'autres, mais du roman comme on en fait à Fontainebleau. Que ce grand poëte, qui dans sa verve qualifia
mes flèches indicatives de *signes menteurs* et de *griffe de l'industrie privée*, ait eu la fantaisie de parer ses élucubrations peu
véridiques du titre peu justifié d'*Indicateur* et de *Promenades
Historiques*, je ne m'en fâcherai certes pas davantage. A chacun
la responsabilité de ses œuvres,......

Continuons notre excursion pittoresque, car nous avons encore à explorer, sinon des rochers, mais toute la partie orientale de l'antique futaie du Gros-Fouteau, et environ quatre
kilomètres à parcourir.

En quittant le rocher des Deux-Sœurs et ses charmants ombrages, vous arriverez sur un vaste rond-point où viennent
aboutir les voitures. Ici dirigez-vous immédiatement à droite,

par le premier sentier en sortant du rocher, parmi les houx et les genevriers, puis ensuite ombragé par des hêtres pour vous retrouver encore une fois sur le bord escarpé et découvert du plateau, et passer près du dernier des vieux chênes de la Solle.

Vous voici sur une petite route gazonnée, parmi les genêts et les bruyères et encore des genevriers; mais vous allez tout aussitôt traverser un carrefour, en laissant deux chemins de voiture à votre gauche, pour prendre le sentier qui pénètre sous la futaie du Gros-Fouteau que vous allez parcourir dans sa partie la plus intéressante, et voir les arbres les plus beaux, les plus imposants de la forêt, entre autres le Chardin, chêne désigné par le N° 82, et dont la colossale tige, terminée par une superbe tête, représente un magnifique géant. Au-delà, après avoir coupé une route de chasse, le N° 83 vous désignera, à quelque distance sur votre gauche, le Jolivard et toute une pléïade de géants, sinon aussi formidables que le Chardin, mais non moins grands

Voici le N° 84, c'est à dire le Pallas, chêne de sept à huit siècles. Un peu plus loin au 85, cet autre chêne, plus imposant encore, est le Sylvain, dieu des forêts.

Continuez notre sentier toujours parmi des chênes et des hêtres magnifiques. Le N° 86 indique le Brascasset; mais remarquez tout à l'heure ce canton d'arbres, les mieux filés, les plus droits et les plus élevés de la forêt, principalement lorsque vous passerez devant les hêtres 87 et 88, arbres gigantesques que nous avons consacrés le premier à Charles Nodier, et le second à Casimir Delavigne.

Voici un chemin que vous couperez en passant au pied du Châteaubriand, chêne d'environ six cents ans, portant le N° 89. Sur votre gauche se montre le Voltaire, chêne non moins colossal et marqué du N° 90. Mais voici les N°s 91, 92 et 93 qui, distancés à cent pas d'intervalle, vont successivement vous signaler les Trois-Hercules, chênes les plus formidables de la futaie. En passant devant le dernier de ces fiers burgraves vous apercevrez, à cinquante ou soixante pas sur votre gauche, un vieux tronc tourmenté, bossu, à l'aspect grommelant et farouche : c'est le Bison.

Vous allez traverser encore une route pour suivre un large

sentier également bien ombragé, bien jalonné d'arbres géants. Le N° 94, qui se montre à quelque distance sur la gauche, désigne le Saturne. Avancez pour voir tout à l'heure, à vingt-cinq pas sur votre droite, le Jazel, chêne haut et droit marqué du N° 95.

Voici encore un chemin à traverser, mais auparavant remarquez à gauche le Hardy, chêne plus colossal, et portant le N° 96. Continuez votre marche en passant bientôt au pied du dernier des arbres les plus remarquables de la promenade. Le N° 97 vous indique qu'il se nomme le Rustique.

Un instant après vous quitterez le chemin en prenant, à droite, l'étroit sentier qui va pénétrer dans le taillis du plateau de la Butte-aux-Aires en coupant une route de chasse. Ce taillis, quoique bien moins grandiose, bien moins imposant que l'antique et opulente futaie d'où vous sortez, sera néanmoins une heureuse diversion sur votre âme immensément remplie par tant de choses à la fois si admirables et saisissantes. Mais tout à l'heure une autre diversion, non moins heureuse, va s'offrir à vos regards quelque peu reposés sous les ombrages doux et limités de ce menu bois.

Avancez quelques centaines de pas pour déboucher sur la ci-devant route du Roi que vous descendrez en jouissant d'une suite d'échappées de vue très belles sur Fontainebleau, et sur les bois et les rochers qui l'environnent. Profitons de ces points de vue, car chaque année la pousse des bois les fait disparaître davantage.

Étant parvenu aux deux tiers de la descente, vous apercevrez, à l'extrémité le poteau indicateur du carrefour du Mont-Pierreux et à votre droite, une route; vous la prendrez si vous êtes logé dans les environs du palais ou dans les quartiers attenant à la rue de France. Mais si, au contraire, vous demeurez du côté de l'église ou vers la place de l'Étape-aux-Vins, vous continuerez la large route allant au carrefour du Mont-Pierreux, et de là à l'entrée de la rue de la Paroisse. Par la route à votre droite on arrive au carrefour des Palis que l'on traverse, en laissant à droite une route, pour prendre celle plus à gauche, ou plutôt le sentier qui en longe les bords, pour s'en éloigner ensuite et vous amener à l'entrée de la rue de France.

Malgré ses quatorze kilomètres, cette très pittoresque promenade peut s'effectuer sans fatigue par quiconque est tant soit peu marcheur, vu que, pour en voir convenablement tous les sites, tous les points de vue et les mille curieux accidents, il ne faut pas aller vite, et que d'ailleurs on peut prendre le temps nécessaire et se reposer aussi fréquemment que l'on veut. Il est si doux de stationner, soit sur le sommet d'un belvéder, soit à l'ombre d'un hêtre ou d'un vieux chêne! Toutefois, les personnes qui ne pourraient ou ne voudraient pas entreprendre une promenade aussi grandement développée, elles auront la facilité, ainsi que je l'ai dit plus haut, d'en limiter le trajet à la vallée de la Solle ; trajet, certes, le plus pittoresque et le plus délicieux à parcourir de toute la forêt. A cet effet je vais, en peu de mots, indiquer la marche à suivre.

Promenade à la Vallée de Solle.

Développement, 9 kilomètres.

ITINÉRAIRE.

Dirigez-vous conformément à l'itinéraire qui précède, jusqu'à la page 7, et page 8 jusqu'à la ligne 10, et ensuite de la page 15 et suivantes.

Quant aux personnes qui parcourent nos sites à l'aide de voiture, voici l'itinéraire d'après lequel elles pourront effectuer très agréablement la promenade du Rocher aux Cristaux et de la vallée de la Solle, en y comprenant même le parcours d'une quantité d'autres sites très pittoresques. Cette tournée, mi en voiture, mi-pédestrement et la plus intéressante de toutes, peut s'abréger ou se prolonger en raison du temps dont on peut disposer. En voici l'itinéraire, soit qu'on veuille l'effectuer entièrement ou partiellement.

Nota. Les chemins de voiture étant sujets à devenir impraticables en beaucoup d'endroits de la forêt, je me bornerai à indiquer sommairement les points remarquables de la promenade D'ailleurs étant conduit par des cochers connaissant la forêt, on sera certain d'arriver à bien.

Itinéraire.

Bouquet-du-Roi par la barrière de Paris et les bocages de la vallée à Rateau. — Carrefour des Ventes-aux-Postes par la partie nord de la Tillaie. — Du carrefour des Ventes-aux-Postes il faudra prendre la route allant au rocher des Deux-Sœurs, et la suivre quelques centaines de pas, c'est à dire jusqu'à notre sentier qui du Gros-Fouteau aboutit sur les platières et les gorges de la Solle. Ici on mettra pied à terre pour parcourir le sentier conformément à nos indications, voir page 6. De son côté le cocher retournera au carrefour des Ventes-aux-Postes prendre la route allant à la Belle-Croix qu'il suivra pendant deux minutes, c'est à dire jusqu'à une croisière de cinq à six chemins où il attendra son monde environ trois quarts d'heure, là, tout près du hêtre de la Réunion qui est à trente pas de la route Adimps.

La jonction étant faite on se dirigera vers la Belle-Croix par le belvéder du Mont-Saint-Père. Parvenu près du chêne de Clovis, au-delà de la Belle-Croix, on mettra de nouveau pied à terre pour aller visiter le Rocher aux Cristaux, puis on pourra revenir monter en voiture pour se diriger par la Marc-à-Piat, le point de vue du camp de Chailly, le carrefour de Belle-Vue, la table du Grand Maître, les monts de Truys, et revenir près du Rocher des Cristaux, non pour le revoir, mais pour suivre notre sentier, voir page 12. Quant à la voiture elle ira prendre la route qui de la Belle-Croix descend dans la vallée de la Solle en longeant le rocher Saint-Germain; le cocher suivra cette route, toujours le long du rocher jusqu'à ce qu'il voie notre sentier à sa gauche, et à droite, en face dudit sentier, une belle route de chasse aboutissant au carrefour de la Solle. Il attendra son monde là, entre la chaîne de rochers et les ombrages de la plaine, pour continuer ensuite la promenade en traversant la vallée et le carrefour de la Solle. Étant parvenu au pied du Mont-Chauvet, sur un carrefour de cinq routes, on remettra pied à terre pour explorer le Tivoli de la Solle et parvenir au rocher des Deux-Sœurs par la fontaine du Mont-Chauvet, voir page 15. Le cocher se rendra près de ce rocher en suivant la route de calèche tout le long des gorges de la Solle, et ensuite par le carrefour des Ventes-aux-Postes.

Étant parvenu au rocher des Deux-Sœurs, il attendra ses voyageurs pour les conduire ensuite à la vallée du Nid-de-l'Aigle. Ici on quittera de nouveau la voiture pour aller explorer les plus curieux sites du Mont-Ussy par la vallée du Charlemagne et le sentier du Chêne-des-Fées ; les flèches, à partir du chêne de Charlemagne, indiquent suffisamment le trajet à parcourir. Quant au cocher il n'aura qu'à suivre la route contournant le bas du rocher Mont-Ussy jusqu'aux Montussiennes, roches énormes, tout auprès du chemin, et qu'il reconnaîtra facilement, soit par mes signes indicateurs, soit par le travail assez apparent que j'ai fait exécuter là. Ici, comme pour les jonctions précédentes, il attendra passablement, et ses chevaux ne s'en trouveront pas plus mal.

De ce point on peut rentrer en ville, soit par le carrefour des Huit-Routes et la rue des Bois, ou bien en continuant à suivre la chaîne du rocher Mont-Ussy jusqu'au pavé de Melun, et passer devant Notre-Dame de Bon-Secours.

Cette charmante et délicieuse promenade peut s'effectuer en six ou sept heures.

Un mot sur la Grotte cristallisée.

Cette grotte n'est certes pas une nouvelle découverte, car, sous l'empire, elle était connue ainsi que bien d'autres que les carriers ont rebouchées et enfouies sous les décombres provenant de leurs travaux. Ils tenaient plutôt à rencontrer du grès propre à faire de bons pavés. D'ailleurs ces cristaux étaient devenus si abondants, si répandus qu'on n'y faisait plus attention, chaque habitant en avait à profusion ne sachant qu'en faire. Notez que, dans ce temps-là, Fontainebleau était à peine visité par les voyageurs ; voilà ce qui explique l'abandon et l'enfouissement de ces curiosités minéralogiques. Mais depuis la paix ce pays étant devenu, chaque année, plus fréquenté par les Parisiens, comme par les étrangers, les cristaux trouvés s'épuisèrent, et on se remit à en chercher d'autres en fouillant parmi les décombres des carrières de Belle-Croix, seul point de la forêt où la nature avait élaboré ce genre de cristallisation.

C'est donc en fouillant ainsi que naguère un manouvrier, nommé Benoît, retrouva la grotte qui aujourd'hui porte son nom, et dont les cristallisations les plus saillantes et les plus curieuses furent tout d'abord, en grande partie, enlevées ou mutilées, vu que plusieurs jours s'étaient écoulés avant que l'administration forestière ait eu connaissance de cette trouvaille. Néanmoins la chose était encore admirable et digne d'être conservée, je fus invité à aller examiner ce que provisoirement il y aurait à faire pour la préserver de nouvelles dégradations. D'après mon avis on reboucha l'entrée de la grotte en la comblant fortement et de manière à ce que les spoliateurs n'auraient pu y pénétrer sans exécuter un travail qui eût été immanquablement aperçu par la surveillance des agents forestiers.

Mais, soit que la commission municipale chargée d'aller reconnaître les travaux à faire pour l'arrangement de cette grotte n'en ait pas fait reboucher assez solidement l'entrée, soit par toute autre cause quelconque, elle fut de nouveau envahie, et les cristaux plus mutilés encore.

Malgré cet acharnement d'un vandalisme à la fois coupable et stupide, nous parvînmes, conjointement avec l'administration, à sauvegarder les restes du souterrain, qui furent encore trouvés précieux par M. Élie de Beaumont lorsqu'il est venu dernièrement explorer ce coin de nos déserts.

En attendant l'heureuse solution que ne peut manquer d'avoir la visite de l'honorable et savant professeur de minéralogie, donnons en peu de mots un aperçu de la grotte Benoît.

Ainsi que je l'ai dit plus haut, elle est située à quelques cents mètres de la Belle-Croix, sous un amas de décombres provenant de l'extraction des grès; sa longueur est de neuf mètres 50 centimètres, et sa profondeur varie de trois à six mètres 50 centimètres. La hauteur du sol à la voûte, très peu régulière, ne sera exactement connue qu'après un déblai complètement opéré. Un bloc de grès, partant du sol à la voûte, divise l'entrée en deux issues également très irrégulières. Quant aux cristallisations pendantes, dont les formes très variées composaient des groupes, tous plus curieux et plus beaux les uns que les autres, il n'en reste malheureusement que les traces.

Cependant les cristaux, moins saillants qui recouvrent presque partout encore la voûte et les parois du souterrain quoique bien moins remarquables, méritent bien, comme l'a dit M. de Beaumont, d'être sauve-gardés et rendus accessibles aux regards des admirateurs de la merveilleuse nature.

Ces beaux débris, échappés au vandalisme, présentent des agglomérations d'angles et de facettes, non seulement à l'infini, mais superposés en faisceaux et découpés géométriquement d'une manière si régulière et si parfaite qu'on dirait l'œuvre de très habiles artistes. Cette admirable sculpture, taillée et ciselée par la main de Dieu, ne brille point par sa couleur, ni par sa transparence; son aspect tire sur le mat de la pierre à fusil plus ou moins; mais la coupe des angles e des facettes en est si finie et si nette qu'elle serait moins intéressante étant diaphane.

Relativement à ces cristallisations, voici quelques lignes de l'illustre Cuvier et du savant Brongniart :

« Certaines eaux, après avoir dissous les substances cal-
» caires au moyen de l'acide carbonique surabondant dont elles
» sont imprégnées, les laissent cristalliser quand cet acide peut
» s'évaporer, et en forment des stalactites et d'autres concré-
» tions...... »

« Ces cristaux de grès calcaires qu'on a trouvé dans quel-
» ques endroits, et très abondamment aux *Carrières de Belle-*
» *Croix*, dans le milieu de la forêt, sont très rares partout
» ailleurs; et leur formation est due à des circonstances parti-
» culières et postérieures au dépôt du grès qui s'est formé pur
» et sans mélange de calcaire..... »

A propos de la grotte Benoît, un certain maniaque du pays, jaloux jusqu'au délire ou plutôt jusqu'au ridicule, du peu de popularité que j'ai acquis par mes modestes travaux, a cherché à faire croire que c'était par ma faute, peut-être même par mon fait, que cette grotte avait été dévastée.

Je n'abuserai pas de la patience du lecteur jusqu'à vouloir réfuter une accusation aussi absurde, et digne de faire suite à d'autres insinuations non moins grossières émanées de la même source .

Ce serait d'ailleurs donner aux calomnies de ce cerveau malade plus d'importance qu'elles n'en méritent; qu'il continue donc à distiller son impuissante haine, qui, en le faisant mieux connaître, ne pourrait que me justifier davantage, s'il en était besoin.

Promenade au Mont-Ussy

Par la Vallée du Charlemagne et le Sentier des Fées.

Aller et retour, 5 kilomètres.

ITINÉRAIRE.

Cette promenade, moins longue encore que la précédente, est également très pittoresque et délicieuse à parcourir. Si elle offre en moins la traversée du palais et la vue de ses belles pièces d'eau, l'on y parcourt en plus des opulentes futaies et des sites accompagnés de chênes remarquables, non-seulement par leur âge et leurs énormes masses, mais principalement par la manière extraordinaire dont ils sont adhérents et pour ainsi dire mariés aux roches, surtout le chêne des Fées.

Voici la marche à suivre pour arriver à bien, et voir les sites dans leur sens le plus favorable et le plus pittoresque :

Rendez-vous tout d'abord au carrefour du Mont-Pierreux, soit par la rue de la Paroisse, soit par la rue de France, soit même par la rue des Bois, selon le quartier où l'on demeure. Mais indiquons le départ par la rue de la Paroisse, qui est la plus centrale et la plus suivie, malgré la monotonie de ses longs murs.

Or, hâtons-nous de la laisser derrière nous pour pénétrer immédiatement sous les ombrages de la forêt, en préférant le sentier qui longe parallèlement la gauche de la chaussée. Bientôt vous allez dépasser successivement deux routes de chasse, et votre sentier se trouvera un peu plus sous bois sans perdre de vue la chaussée sablonneuse à votre droite. Continuons ainsi quelques instants pour arriver sur un carrefour où viennent converger sept routes; c'est le carrefour du Mont-Pierreux. Traversez-le en laissant trois routes à votre droite pour prendre la plus encaissée dans la montagne. Après avoir gravi pendant deux ou trois minutes vous vous trouverez sur le haut du plateau, et sous un bois déjà plus beau et plus frais d'ombrage. Votre chemin, dont l'encaissement pierreux et rude disparaît, vous offre ensuite des bords moins élevés et soyeux qui vous engagent à faire une petite halte.

En continuant votre marche, prenez le sentier qui va se présenter à droite pour rejoindre immédiatement la route de calèche. Un instant après vous franchirez un carrefour de cinq routes en en laissant une à votre droite; continuez, et bientôt vous allez descendre et pénétrer sous les voûtes d'une antique futaie dont l'entrée est indiquée par le N° 1; c'est la futaie dite des *Fosses-Rouges*. Elle est peuplée de chênes et de hêtres gigantesques. L'ayant parcourue, en descendant les gracieuses courbures de votre chemin, vous ne tarderez pas à traverser un carrefour, en laissant deux routes à gauche, pour passer tout aussitôt sous une autre futaie dont les arbres, par nombreuses tiges réunies, forment un agréable contraste. Le plus remarquable, qui est le Bouquet du Nid-de-l'Aigle et qui comprend onze tiges bien belles, bien élancées, est situé à droite, tout au bord du chemin; nous l'avons marqué de la lettre A. Un peu plus loin vous couperez un chemin pour arriver immédiatement au carrefour de la vallée du Nid-de-l'Aigle.

NOTA. Ayez, pendant quelques centaines de pas, égard aux flèches jaunes et non aux flèches bleues, que vous retrouverez plus loin.

Remarquez, en traversant la vallée du Nid-de-l'Aigle, un quadruple chêne signalé par la lettre B; c'est l'arbre des *Quatre-Fils-Aymon*. Passez le carrefour, en laissant deux chemins à votre gauche, pour gravir vers le Confessional-à-Marie en passant au pied de l'Arbre-à-Cheval, hêtre assez beau et singulièrement enchevêtré sur un grès. A très peu de distance, au-dessus de ce hêtre, se montre un chêne non moins beau, non moins plein de vigueur.

Parvenu vers le haut de la montagne vous remarquerez, à

votre gauche et tout près du chemin, une roche que la nature a disposée en forme de grotte; c'est le Confessional-à-Marie, lieu illustré jadis par la fille d'un noble Castillan qui, par suite d'amour contrarié, était venue chercher un refuge dans nos paisibles déserts.

Un instant après avoir passé devant cette modeste roche, vous quitterez le grand chemin pour prendre, à votre droite, le sentier où vous retrouverez nos flèches bleues ; c'est le sentier de *la Veuve*, ainsi nommé parce qu'il fut parcouru immédiatement après sa création par la princesse Hélène, en 1847, le 15 mai.

Suivez ce sentier parmi les agrestes et sauvages ruines d'anciennes carrières dont les déchirements et les monstrueux fragments présentent un aspect à la fois désolant et saisissant. Après avoir traversé un antre formé par la rupture d'une roche brisée et renversée, votre marche se continuera quelques instants encore dans cette affreuse Thébaïde, puis le sentier déviera sur la droite pour descendre dans la vallée du Charlemagne. Tout d'abord, en quittant ces hideux amas d'écales de grès et de décombres, vous allez passer entre deux chênes séculaires, avant-garde de ceux bien plus remarquables qui tout à l'heure vont s'offrir à votre admiration. Continuez toujours à descendre par notre étroit sentier en négligeant toute apparence de chemin soit à droite, soit à gauche. Vous voici au bas du deuxième plan de la colline et sous un délicieux petit bocage, tout à fait au pied et en face le vénérable Charlemagne, l'un des quatre plus anciens hôtes que possède la forêt de Fontainebleau. Son tronc, dont la cîme est toute vermoulue, toute déchirée par la rigueur des siècles, a sept mètres de tour. Depuis que par notre initiative l'administration forestière a, sous le dernier règne, fait démasquer ce vieux chêne, ainsi que plusieurs de ses voisins, cette vallée est devenue l'un des rendez-vous les plus fréquentés des peintres paysagistes.

En quittant le Charlemagne, que nous avons marqué du N° 2, prenez à votre gauche le chemin qui remonte la colline et qui va se diviser en deux. Négligez les issues de gauche et de droite pour gravir la plus passagère.

Après une centaine de pas il va se transformer en un sentier inclinant à votre gauche pour gravir, en contournant, le sommet de la gorge, et vous faire passer au pied du chêne d'An-

tonin, l'un des plus beaux du canton, et marqué de la lettre
C. A quelques pas au delà le sentier descend pour remonter
ensuite; mais jetez un regard à votre droite sur ce cahos de
rochers où il ne manque rien moins qu'une chute d'eau...

Continuez les capricieux détours de notre fil d'Arianne pour
aller gagner le Chêne-des-Fées, toutefois en passant encore devant maintes curiosités pittoresques. Voyez ce genevrier trois
fois séculaire tout à fait au bord du sentier. Un peu plus loin
c'est le Charme d'Hélène, au pied duquel est un grès marqué
de la lettre D, et où l'auguste veuve s'est reposée. A deux pas
au-delà se montre le Foudroyé, vieux débris de chêne dont il
ne restera bientôt plus vestige. Mais à peine l'aurez-vous dépassé que vous vous trouverez entre deux magnifiques burgraves bien vigoureux, bien portant, dont l'un se nomme le
Philippe et l'autre le *Benoist*, noms qui rappellent un peintre et
un lithographe distingués parmi nos quelques amis. Ces deux
rustiques chênes, s'élançant du milieu des steppes et des broussailles, semblent protéger un jeune et amoureux taillis sous les
ombrages duquel vous pénétrez immédiatement en les quittant.
N'oubliez pas de faire attention aux marques qui indiquent le
tracé de la promenade, non-seulement à cause des divers chemins que l'on rencontre, mais parce que parfois, en certains
endroits, nos sentiers disparaissent sous les feuilles sèches.

Vous voici hors du jeune taillis et retrouvant des pins, des
bouleaux et des bruyères, puis des rochers, et bientôt d'autres
vieux chênes; mais tout cela moins dégradé, moins ravagé
que tout ce qui vient d'être vu. Ce beau déluge de rochers et
d'arbres, ces couloirs, ces antres mystérieux, à la fois sauvages et pittoresques, encaissant notre sentier de plus en plus
capricieusement et de la manière la plus tourmentée, serpentant la colline tantôt sur ses crêtes sourcilleuses, tantôt sur
ses flancs déchirés; tout cela, voulons-nous dire, vous annonce
que vous approchez de la Gorge-des-Fées. Veuillez remarquer,
au premier tableau que vous offre ce cahos, un vieux chêne
très curieusement adhérent à une roche marquée du N° 3; c'est
le *Salvator-Rosa*. Plus loin, après avoir passé dans l'antre du
Norma, et parmi des blocs de formes passablement fantastiques, le N° 4 vous indiquera le rocher d'Hélène. Au-delà la
lettre E vous annonce le haut de la descente de la Gorge-des-
Fées et le *Serlio*, chêne remarquable qui semble en défendre

l'entrée. Au bas de la descente, le N° 5 indique la roche *Sou-cio*, bloc énorme et d'une configuration moins attrayante que bizarre. A quelques pas plus loin vous allez passer devant le François Ier, chêne au ventre creux et tout vermoulu; il est indiqué par le N° 6. Contigu à ce caduc chêne se trouve l'antre *Falloux*, sorte de cellule à ciel ouvert à l'entrée de laquelle on voit le *Bayard*, chêne plus sain que son royal voisin, et accompagnant parfaitement le site.

Mais nous voici devant le N° 7, qui nous signale le rocher d'*Agathe* et le Chêne-des-Fées, chêne qui est la merveille de tous les arbres de la forêt; voyez comme il est dressé sur ce roc aride, dépourvu de terre; mais cette autre énorme roche qui pénètre très avant dans son tronc, et qu'il semble vouloir engloutir entièrement! Ce chêne, son compagnon, assis également sur le roc, puis le groupe de grès que tous deux couronnent et décorent si bien, forment un tableau des plus curieux et des plus pittoresques. Parvenu à l'extrémité de ce môle d'arbres et de roches, tournez-le en laissant à droite un commencement de chemin de voiture, et suivez notre sentier en remontant la colline, précisément derrière le Chêne-des-Fées, pour arriver à la *Station-des-Peintres*, solitude abritée et fermée d'une manière à la fois triste et imposante; là vous semblez arrêté et circonvenu dans votre marche par des murailles de pierres géantes; mais le N° 8 vous indique le passage du rocher d'*Himely*, passage formé par un affreux déchirement du rocher.

Étant parvenu au-delà de ce couloir étroit et passablement effrayant, vous commencerez à dominer assez agréablement les bois et les sites environnants; mais continuez votre marche en traversant tout à l'heure un chemin pour arriver un instant après sur le haut-bord du Mont-Ussy, marqué des N° 9 et 10, et d'où vous aurez des échappées de vue délicieuses sur Fontainebleau. Suivez toujours notre sentier qui, après avoir contourné ce point culminant du plateau, vous permettra de descendre assez facilement la montagne et de contempler encore de très belles roches, notamment celles marquées des N° 11 et 12, puis un peu plus loin, vers le bas de la colline, le N° 13 vous signalera l'entrée parmi les *Montussiennes*, réunion de grès les plus remarquables et les plus volumineux du Mont-Ussy. Les antres, les accidents et les formes fantastiques

que présentent plusieurs de ces grandes pierres ne sont pas
les choses les moins imposantes de la promenade, surtout la
roche marquée du N° 14 et le souterrain contigu.

En quittant les Montussiennes le sentier vous conduira, en
traversant un chemin de voiture et en passant sous les ombrages d'un bois taillis, sur une route de chasse aboutissant
au beau carrefour des Huit-Routes Traversez ce carrefour en
laissant deux routes à votre gauche, et en quelques minutes
vous rentrerez en ville par la rue des Bois ou par celle de la
Paroisse, après deux ou trois heures de promenade réellement
délicieuse, grâce toutefois à nos sentiers.

Nota. Les endroits de cette promenade où l'écho retentit le
mieux sont : l'entrée et la sortie du carrefour de la futaie des
Fosses-Rouges; la route à Marie en passant près le Hêtre-à-
Cheval; la vallée du Charlemagne, précisément au pied de
l'arbre de ce nom; la Gorge-des-Fées en passant près du chêne
de François Ier; et la descente du Mont-Ussy à partir des roches N° 11, et principalement en passant parmi les Montussiennes.

COMPTE-RENDU DE LA SOUSCRIPTION

OUVERTE A L'EFFET DE COMPLÉTER LE RÉSEAU

DES PROMENADES PITTORESQUES

DANS LA FORÊT DE FONTAINEBLEAU.

Disons d'abord un mot sur la cause occasionnelle de cette
souscription :

En 1850, par une belle journée du mois de septembre, après
avoir exploré, en nombreuse compagnie de touristes du pays et
de la capitale, les sites ravissants de la vallée de la Solle, nous
nous acheminions vers Fontainebleau entre un amoureux taillis

et une imposante futaie. Cette futaie était le Gros-Fouteau, véritable forêt druidique dont les frais ombrages nous séduisi-
rent et nous attirèrent bientôt sous les feuillages épais d'un
hêtre trois fois centenaires, au pied duquel nous prîmes
place, les uns assis, les autres mollement couchés sur le tapis
soyeux formé par les mousses et les feuilles tombées.

Il y avait quelques instants que nous étions sous ce délicieux
toit de berger, à prendre un doux repos, quand une personne
de la caravane vint à dire : « Comment se fait-il que, parmi
» tous les baptêmes qu'a donnés M. Denecourt, aux mille belles
» choses mises en lumière par son initiative, on ne voit pas
» même figurer son nom, tandis que d'autres, à qui la forêt
« doit bien moins, ne s'y sont pas oubliés? Sans doute cette
» lacune est due à la modestie de M. Denecourt; mais il y au-
» rait injustice à ne pas la combler, et je propose une sous-
» cription entre nous pour lui consacrer une inscription, soit
» sur un arbre, soit sur une roche qu'il choisira lui-même. »

A peine cette proposition, excessivement bienveillante pour
moi, fut-elle faite que toutes les personnes présentes s'empres-
sèrent de l'accueillir très favorablement.

Tout en exprimant combien j'étais sensible à un témoignage
de reconnaissance aussi honorable, je déclarai qu'il ne me
semblait pas convenable d'accepter, et qu'il fallait ajourner
indéfiniment cet hommage. On insista. Alors je fis remarquer
qu'il valait mieux, puisque l'on était disposé à ouvrir une
souscription, en destiner le produit à la création de nouveaux
sentiers, par exemple vers la Gorge-aux-Loups, où il y avait de
si belles choses restées inexplorées faute de chemins doux et
faciles pour les aborder, et que le tracé d'une très jolie et très
pittoresque promenade par là serait chose infiniment plus utile
et plus profitable aux artistes et aux promeneurs que mon nom
sur une roche ou sur un arbre. Cet observation fut généralement goûtée et accueillie, toutefois sans qu'on voulût se dé-
partir du projet émis préalablement.

Peu de jours après cette délibération improvisée, sous la
feuillée de nos pittoresques déserts, des listes de souscription se
couvrirent d'adhésions qui, en justifiant pleinement la chose,
m'ont fourni les moyens de pouvoir faire ouvrir, non seulement les dix mille mètres de sentier qui aujourd'hui permettent
de visiter parfaitement tous les sites charmants vers la Gorge-

aux-Loups; mais d'ouvrir de Fontainebleau à la grotte Benoît, un tracé de promenade encore plus pittoresque et plus curieux à parcourir.

Bien plus, en voyant s'accroître chaque jour sur nos listes le chiffre des offrandes, j'ai pu apporter d'importantes et très désirables modifications à mes anciens tracés des gorges d'Apremont et de la gorge du Houx.

Donc, merci à vous messieurs les touristes qui avez eu l'heureuse idée de prendre l'initiative dans cette œuvre de souscription! (1) Merci à vous tous messieurs les souscripteurs fondateurs des promenades les plus pittoresques et les plus intéressantes de la forêt de Fontainebleau! Merci à vous, qui, par votre équitable et bienveillant concours, m'avez permis d'en compléter le réseau de la manière la plus parfaite! Vous avez compris qu'il ne s'agissait point ici d'une œuvre de fantaisie, et encore moins de spéculation particulière; mais bien d'une œuvre a la fois d'agrément national et de bien être pour la ville de Fontainebleau, car le bien-être de cette cité, personne ne l'ignore, dépend de la présence des étrangers qui y sont attirés, bien moins par l'intérêt qu'offre son antique et remarquable palais, que par les jouissances et les sensations délicieuses que l'on éprouve en parcourant sa pittoresque forêt. Vous avez compris que, de cette incomparable forêt, les beautés disparaissant chaque année davantage par l'exploitation des grès, comme par celle de ses vénérables futaies, et aussi par l'envahissement des bois résineux dont le sombre et monotone aspect voile si lugubrement déjà tant de beaux sites, il était nécessaire, il était indispensable de chercher à y suppléer en en rendant accessibles et visitables ceux jusqu'ici épargnés, mais qui étaient restés inabordables et ignorés même des explorateurs les plus ingambes..... Vous avez compris que la ville de Fontainebleau eût démérité en restant indifférente aux splendeurs qui l'embellissent et lui donnent la vie quand, pour les remettre en lumière, un humble et obscur citoyen dépensa vingt ans de son existence, et le fruit de vingt autres années d'épargne et de labeur!

Vous avez compris, messieurs, que ces milliers de féériques

(1) La personne qui proposa une inscription en ma faveur fut M. Méguin, propriétaire à Fontainebleau.

chemins, les itinéraires et les plans topographiques qui les indiquent, ces flèches, ces arbres, ces rochers numérotés, toute cette étrange et nouvelle géographie à l'aide de laquelle aujourd'hui on se dirige si facilement et si agréablement parmi nos pittoresques déserts, vous avez compris que toutes ces choses, en faisant connaître davantage les merveilles de Fontainebleau, ne pouvaient, je le répète, qu'ajouter à l'agrément du voyageur, et en même temps à la prospérité de ce charmant pays que je suis heureux d'avoir adopté. Et, en effet, les centaines de mille francs annuellement dépensés dans notre cité, par les hôtes qui viennent y séjourner, ne profitent-ils pas indistinctement à toutes les classes industrielles, aussi bien aux marchands qu'aux artisans en tous genres : les propriétaires de maisons et d'appartements à louer, les entrepreneurs et les ouvriers qui les construisent ou les restaurent, les médecins, les collèges; en un mot tout ce qui produit et travaille pour vivre ou pour s'enrichir, retire avantage de l'affluence des étrangers parmi nous, jusqu'à l'église elle-même dont les quêtes et les recettes sont devenues plus abondantes.

Oui, merci et reconnaissance à vous, messieurs, qui, en vous associant à notre mission, avez prouvé que chez les esprits à la fois éclairés et équitables la différence d'opinion ne peut et ne doit jamais être un obstacle lorsqu'il s'agit de faire le bien!.....

Et puis n'est-ce pas quelque chose que d'avoir, par un bienveillant concours, acquis le droit de pouvoir se dire : « Moi aussi » j'ai coopéré à la féérique géographie de ces lieux enchantés!...»

Ce n'est pas à dire que je veuille déverser le blâme contre les personnes qui, sans bourse délier, jouissent et profitent de mes travaux. Ah! loin de moi un sentiment aussi mesquin! D'ailleurs ces personnes, en s'abstenant de fournir leur obole, ont maintenu mes droits à la reconnaissance publique; et, certes, cela n'est point à dédaigner, car le souvenir d'avoir été utile est toujours agréable quand même on aurait fait des ingrats.

Qu'il me soit permis de témoigner particulièrement ma gratitude à messieurs les touristes parisiens, vu qu'ils ne furent ni les moins empressés, ni les moins nombreux à me venir en aide pour l'accomplissement de ces charmants sentiers qui font les délices de tant de monde.

NOMS DES SOUSCRIPTEURS-FONDATEURS

DES

Nouveaux sentiers et embellissements de la Forêt.

MM.

	fr.	c.
Adhémar, notaire.	2	
Bardin, propriétaire.	2	
Barbier, conseiller municipal.	2	
Barbier, propriétaire de l'Hôtel de Paris.	5	
Barbé, propriétaire.	1	50
Baligand (Hyacinthe), propriétaire à Versailles.	2	
Baudelaire, juge d'instruction.	1	
Beaudet, entrepreneur de menuiserie.	5	
Beaumont, négociant à Nemours.	1	
Becquet, lithographe à Paris.	3	
Benoist (Ph.), artiste à Paris.	5	
Benoist de Sainte-Foix, propr. à Fontainebleau.	5	
Bethmont, artiste de Paris.	3	
Belier de la Chavignerie, homme de lettres.	5	
Belleuvre, artiste.	2	50
Bernard, herboriste.	2	
Bernard, sellier, loueur de voitures.	2	
Béniqué, adjudant de la garde nationale.	1	
Belloc, docteur en médecine.	2	
Bilhaud (madame).	1	
B**** (M. et Mme), de Paris.	13	50

(Les mêmes personnes ont versé 34 fr. pour les anciens sentiers que j'ai fait ouvrir de mes deniers.)

Blandin, artiste.	1	
Bouchonnet, notaire.	3	
Bonnameaux, architecte de Paris.	1	25
Bournet, mécanicien.	1	
Boulanger, employé du palais.	3	
Bourbon (Alphonse), artiste.	2	
A reporter.	77	75

56

Report.	77	75
Boyard, ancien magistrat.	5	
Bouleaud, marchand de nouveautés.	2	
Bourgeois jeune, charron.	1	
Braud, ministre évangéliste.	3	
Brochot, relieur.	2	
Bruchet, propriétaire.	1	
Bucan, tenant l'Hôtel du Cadran-Bleu et du Commerce.	5	
Bridoux, marchand épicier.	2	
Caillat, propriétaire.	1	
Carré, marchand de vin.	1	
Cauthion, avoué.	5	
Chanu (Charles), artiste de Paris.	5	
Chabert de Paris	10	
Chalmeton, propriétaire.	3	
Chamberlan (madame), propriétaire.	5	
Chambon, tenant l'Hôtel du Lion-d'Or.	2	
Charon, sacristain.	1	
Chartier fils, ébéniste.	1	
Chopin (E.), homme de lettres.	5	
Chenu, boulanger.	1	
Claverie, conseiller municipal.	2	
Clérambault, marchand grainetier.	2	
Gollinet, propriétaire.	5	
Comte de Paley, propriétaire.	2	
Coopman, conservateur des hypothèques.	1	
Constant, conseiller municipal.	1	
Constant fils.	5	
Coulon, marchand boucher.	3	
Coutelier (Léon), étudiant.	5	
Coutan, pharmacien.	2	50
Corbin de Saint-Marc, propriétaire.	2	
Cotte, marchand épicier.	2	
Creuzet, pâtissier.	2	
Cudot (madame), libraire et tenant magasin de Souvenirs de Fontainebleau fabriqués en genevrier.	1	
A reporter.	174	25

Report. 174   25

Cudot (veuf).	1
Curmer, libraire-éditeur de Paris.	2
D'André, ancien colonel.	5
Debionne, juge de paix.	3
Decase, propriétaire.	2
Decombe (Albert), propriétaire.	5
De Chavigny, propriétaire.	2
De Fernig (madame), propriétaire.	10
De Guitaud, propriétaire.	5
De Knif (Alfred), artiste.	5
Delahaie, propriétaire.	1
Delaunay (Théodore), artiste.	1
Delort, ancien chef de bureau du ministère de l'instruction publique.	5
De Lasseynie (madame), propriétaire.	2
De Maussion, ancien colonel de la garde.	10
Demay, directeur de diligence.	1
De Montgon, propriétaire.	2
De Moroge, propriétaire.	5
De Mouy, propriétaire.	2
Demolière, chirurgien-dentiste.	2
De Neuilly (madame), propriétaire.	2
Deltil, artiste.	2
Dénombré, meunier à Grès.	1
De Ruffeys, capitaine de cavalerie.	2
De Rancogne, propriétaire.	1
De Saluces, propriétaire.	3
De Saint-Sauveur, capitaine d'état-major.	5
Deschâteaux, conseiller municipal.	5
Denecourt.	5
Desguiraud, peintre en bâtiments.	2
Desmoulins, loueur de voitures.	2
Dethan, étudiant.	1
Dorly de Paris.	5

(La même personne a versé une autre somme de 5 fr. pour contribuer aux déboursés que j'ai faits relativement aux anciens sentiers.)

A reporter. 281   25

38

Report.	281	25
Dubrana, conducteur des ponts-et-chaussées.	2	
Duguez (Adolphe), commandant de la garde nationale de Guercheville.	5	
Dusoulier, marchand épicier.	1	
Dupuis de Paris.	2	
Duprez (Léon), fils du grand artiste.	1	50
Dupré (Alphonse), de Saint-Germain-en-Laye.	1	
Dôle, chef d'escadron retraité.	3	
Dupré, juge suppléant.	5	
Dufontenioux, propriétaire.	2	
Dudouit, ancien maire.	5	
Du Haut-Plessis, ingén. des ponts-et-chaussées.	5	
Dupont (madame), propriétaire.	2	
Dumont (madame), tenant l'Hôtel de la Sirène.	5	
Domet, directeur des postes.	2	
Erhard, graveur en topographie, à Paris.	3	
Escalonne, docteur en médecine.	3	
Fauche, principal clerc de notaire.	1	
Fédel, architecte.	1	
Fontaine, conseiller municipal.	2	
Fontaine, employé du palais.	2	
Fortier, peintre sur porcelaine.	1	
Fourchon, propriétaire à Paris.	5	
Fourneret, docteur en médecine.	5	
Fonteyne (madame) de Paris.	1	25
Gailhac, trésorier de la Caisse d'Épargne.	5	
Gallèrand, huissier.	1	50
Gandais, propriétaire à Paris.	5	
Gargault, limonadier traiteur.	2	
Gaultron, adjoint.	3	
Genetet, homme de lettres.	2	
George, graveur en topographie, à Paris.	2	
Géroult (Henri), ancien négociant.	4	
Geoffroy, horloger.	1	50
Gouffier, marchand boucher.	1	
G......t (E.), employé du palais.	1	
Guérin, maire de Fontainebleau	10	
A reporter.	385	»»

	Report. 385	»»
Guérin des Basses-Loges.	5	
Guérin, pâtissier-traiteur.	5	
Gravier, notaire.	5	
Givargue, orfèvre.	4	
Guignault, propriétaire à Paris.	2	
Guillot, marchand épicier.	4	
Hamel (Charles), propriétaire.	5	
Harant, limonadier-traiteur.	3	
Hardouin, marchand chapelier.	2	
Hésard, ancien professeur d'instruction.	2	
Heurtebise, propriétaire.	2	
Heurtin, marchand de vin-traiteur.	4	
Herbin, propriétaire.	4	
Himely, artiste de Paris.	2	
Houdaille, receveur du domaine.	2	
Houdaille, surnuméraire du domaine.	2	
Houdaille (Maurice), étudiant.	4	
Houdan (Charles), propriétaire.	20	
Huet, directeur des contributions indirectes.	2	
Jacottet, artiste de Paris.	2	
Jacquillat (Victor) de Paris.	4	2ï
Jacquin, imprimeur.	3	
Jadin, peintre de chasses.	5	
Jamin, homme de lettres.	2	
Joly, huissier.	4	50
Jouy, ancien greffier.	4	
Jullemier, propriétaire.	4	
J. C.	4	
Lamy, régisseur du palais.	5	
Lavigne, propriétaire.	2	
Lavigne fils, marchand tailleur.	2	
Launoy et Beauvilliers, hôtel du Cadran-Bleu.	5	
Latouche, receveur des contributions.	5	
Lapotaire (frères), hôtel de l'Aigle-Noir.	5	
Lariotte, marchand fruitier.	4	50
Laurent (Noël), marchand boucher.	4	
Lendormy-Trudelle, propriétaire.	5	
	A reporter. 501	25

Report.	501	25
Lez, limonadier.	2	
Lefébure (Henri), entrepreneur de bâtiments.	3	
Leducq, ancien capitaine de cavalerie.	5	
Lebois, architecte.	2	50
Lechaix, capitaine retraité.	2	
Leblond, ancien boucher.	1	
Lepage, avoué.	5	
Lorry, colonel retraité.	2	
Lheureux, limonadier.	1	50
Lheureux fils, peintre sur porcelaine.	1	
Lhuillier, libraire.	2	
Maguin, ancien horloger.	5	
Malard et Charre, propriétaires.	5	
Maloizel aîné, propriétaire.	3	
Manois, typographe.	1	
Marait, loueur de voitures.	5	
Marchand (mesdames), tenant magasin de gevrines ou Souvenirs de Fontainebleau.	5	
Maltby (G.-E.), Anglais residant à Fontainebleau.	5	
Marin-d'Arbel, propriétaire.	5	
Malignon, greffier du tribunal.	10	
Méguin, propriétaire.	2	
Mély, artiste modeleur en porcelaine.	2	
Mercey, clerc de notaire.	1	
Mercey père, quincaillier.	1	
Merle, rentier.	3	
Meynard (Alexandre) de Paris.	5	
Mercieul, négociant de Paris.	1	
Mercieul (Athalie) de Paris.	1	
Millon, messager du chemin de fer.	1	
Millot (madame), propriétaire.	5	
Minet, boulanger.	1	
Minot, inspecteur de la navigation.	2	
Mirville, propriétaire de l'hôtel de Lyon.	5	
Mollier, avoué.	5	
Mollier, pharmacien.	2	
Moreau, ancien commissaire-priseur.	1	50
A reporter.	610	75

Report. 610   75

Morisot, ancien négociant de Paris.	5	
Multigné, ancien huissier.	5	
Muler, employé du palais.	1	
Nagedet, entrepreneur de terrassement.	2	
Naigeon, sellier, loueur de voitures.	5	
Nava, propriétaire.	5	
Odelin (mademoiselle), rentière.	5	
Paris de Lamaury, ancien magistrat.	5	
Pasquier, négociant à Paris.	2	
Pasquier (Léonie) de Paris.	1	
Pauly, architecte.	3	
Pardé, conseiller municipal.	3	
Péjoux, architecte de Paris.	1	25
Pérault, clerc de notaire.	1	
Pérard, propriétaire à la Nouvelle-Orléans.	5	
Perrier, boulanger.	1	
Perrot-Barbier, négociant.	1	

(Disons ici que M. Perrot a eu la générosité
de fournir la peinture et la main-d'œuvre nécessaires à l'application des flèches et numéros
des nouveaux sentiers.)

Peyrard, propriétaire.	10
Picault, imprimeur à Saint-Germain-en-Laye.	2
Pillias (Frédéric), propriétaire.	4
Piron, typographe de Paris.	1
Pouzot, marchand grainetier.	1
Prince, typographe.	1
Pujos (madame), propriétaire.	5
Quinton, ancien notaire.	2
Radoux, traiteur et logeur.	1
Regnault (madame), propriétaire.	5
Reuiller, limonadier-traiteur.	5
Richard, marchand tanneur.	2
Rigault, artiste.	3
Riché, négociant à Nemours.	1
Ricois, entrepreneur de diligence.	2
Rivière (Charles), artiste de Paris.	1

A reporter. 708   » »

Report 708 »»

Robert (A.), propriétaire. 2
Ronsin fils, charpentier. 1
Ronsin (Esther), aubergiste. 2
Ross-Smythe (madame), Anglaise. 5
Roux-Fessard (madame), propriétaire de l'hôtel
   de France et d'Angleterre. 50
Rouyer, ancien capitaine de cavalerie. 2
Salomon, architecte. 1
Salomon (Adam), sculpteur. 2
Salomon (Adam), marchand de nouveautés. 2
Saint-Marcel, artiste de Paris. 2
Sanguinède, ancien négociant de Paris. 10
   (Outre cette offrande M. Sanguinède a voulu
contribuer pour la somme de 50 f. aux anciens
sentiers qui furent créés de mes deniers. A ces
actes de générosité et de bienveillance pour moi,
de la part de plusieurs de nos souscripteurs,
je ne sais comment exprimer les sentiments de
reconnaissance qu'ils m'inspirent.)
Schopin, peintre d'histoire. 5
Sellier (Adolphe), propriétaire. 2
Séré, propriétaire. 2
Songeux, maréchal-ferrant. 1
Taillefer, docteur en médecine. 3
Tardif (L.), propriétaire. 2
Tattet, propriétaire. 10
Ten-Hompel, horloger. 1
Thierry frères, lithographes à Paris. 5
Thinus, adjoint. 6
Tortochot, tapissier. 2
Trabé (madame), propriétaire. 2
Troubestkoy (madame), princesse russe. 10
Vallet, entrepreneur de serrurerie. 1
Vendendriesche jeune, marchand de nouveautés. 2
Vincent (Charles), commis voyageur. 1
Vincent (Adolphe), loueur de voitures 1
Voron, banquier. 3

A reporter. 846 »»

Report.	846	» »
Walter (Charles), artiste de Paris.	2	
Walter (Henri), artiste de Paris.	2	
Werger, capitaine retraité.	2	
Wogue (Daniel), Wogue (Élie), Wogue (Lazare), Wogue (Nathan), commis-négociants chez leur père.	4	
Xavier, tenant le restaurant de Franchard.	5	
Zimmermann, artiste.	2	

Total. 863 fr. » » c.

DÉPENSE.

Les *vingt-neuf mille cinq cents mètres* de sentiers qu'*en moins d'un an*, j'ai tracé et fait ouvrir vers la Gorge-aux-Loups, vers les gorges d'Apremont, vers le Rocher des Cristaux, ainsi qu'au Mont-Ussy et dans la gorge du Houx ont coûté, y compris les frais d'impression pour annonces, la somme de *onze cent un francs cinquante centimes* payée par les mains de MM. Méguin et Multigné, commissaires-trésoriers de la souscription.

Ci. . . . . 1101 f. 50 c.

Le montant des recettes n'étant que de. . 863

Il y a donc un déficit de. . . . . . 238 f. 50 c.

Ce déficit serait couvert au-delà si nous n'eussions pas craint d'abuser de la générosité de plusieurs de nos souscripteurs, qui, malgré leurs offrandes déjà notables, nous ont proposé de nouveaux versements de fonds.

Mais nous avons préféré attendre que d'autres personnes, également sympathiques aux beautés de la nature, aient connaissance de la souscription, bien certain que parmi elles il s'en rencontrera qui n'hésiteront pas non plus à nous venir en aide pour combler cette petite dette, surtout lorsqu'elles auront exploré quelques-uns des féeriques sentiers qui l'ont occasionnée, et qu'elles apprendront tout ce que moi-même j'ai consacré à cette captivante forêt de Fontainebleau.

Les offrandes continuent donc à être reçues chez les libraires de la ville. Le compte-rendu en sera, ainsi que celui qui précède, joint à mes itinéraires. Comme elles dépasseront certainement la somme nécessaire pour couvrir ees quelques cents

francs de déficit, le surplus sera consacré à de nouveaux
embellissements qui ne pourront qu'ajouter encore à l'agrément
des promeneurs.

Quant à l'entretien de toutes ces charmantes promenades,
nous espérons que la ville, si intéressée à leur conservation,
s'en chargera. A cet effet, je me suis permis d'adresser à l'au-
torité municipale la lettre suivante :

A MONSIEUR LE MAIRE ET MESSIEURS LES MEMBRES DU CONSEIL MUNICIPAL DE FONTAINEBLEAU.

Fontainebleau, le 1er septembre 1851.

« Messieurs,

» Vous savez que le commerce et la prospérité de la ville ne
sont alimentés que par la présence des voyageurs et touristes
qui affluent parmi nous. Vous savez que cette présence est
due à l'intérêt qu'offrent le palais et la forêt, mais principalement à la forêt, quoique depuis plus d'un demi-siècle on ne
cesse d'en faire disparaître les beautés pittoresques par l'exploitation des grès, par l'amoindrissement des anciennes et superbes futaies, et aussi par l'envahissement des pins que l'on
a semés et plantés de tous côtés à profusion.

» Vous savez qu'il ne restait plus guère de visitable que la Roche-
qui-Pleure, l'Antre-des-Druides, le Mont-Aigu, le Bouquet-du-
Roi, le rocher des Deux-Sœurs, le Mont-Chauvet, le Calvaire et
quelques autres sites également devenus moins attrayants à
force d'être fréquentés, et où l'on n'arrivait que par des chemins sablonneux et labourés par les chevaux et les voitures
qui soulèvent des flots de poussière.

» Vous savez qu'à ces sites peu nombreux et déparés de leur
fraîcheur et de leur cachet primitif, mille autres sites, mille
nouveaux charmants points de vue furent ajoutés et font aujourd'hui les délices de tout un monde de promeneurs et de
visiteurs !...

» Vous savez que ces mille sites et les mille sentiers doux
et faciles qui les sillonnent et y conduisent comme par la main
ne sont pas la moindre cause de bien-être pour le pays, et que
protéger et entretenir cette cause de bien-être, ce sera de votre
part, messieurs, donner une preuve de plus de votre sollicitude
pour les administrés, dont vous êtes les mandataires, et puis
en même temps faire chose convenable envers les étrangers qui,

en venant admirer nos bois et nos rochers, nous apportent, je le redis, l'aisance et la vie.

» Notez bien, messieurs, que l'entretien de ce fil d'Arianne, au moyen duquel on explore si commodément et si parfaitement notre incomparable forêt, ne coûterait annuellement qu'une cinquantaine de journées de manouvriers et quelques livres de peintures pour en renouveler les flèches indicatives, somme totale *une centaine de francs*, pour la conservation d'environ cent kilomètres (25 lieues) de promenades les plus délicieuses à parcourir.....

» Non, messieurs, la ville de Fontainebleau, si intéressée à la conservation de ce féérique réseau de promenades, à la création desquelles plusieurs de ses habitants, et notamment des personnes n'étant pas du pays ont déjà coopéré généreusement, ne voudra pas, faute de la plus minime des rétributions, les laisser disparaître sous les bruyères et les broussailles qui, en peu d'années, les encombreraient. Non, elle ne le voudra pas quand nous, humble créateur de cette étrange et curieuse géographie, n'avons point hésité à y consacrer tout ce que vous savez, messieurs.....

» Non, la ville de Fontainebleau ne voudra pas laisser reboucher et perdre ces cent kilomètres de promenades qui sont pour elle une sorte de Californie. Elle ne le voudra pas quand, pour les conserver, elle n'a qu'à occuper pendant un ou deux mois de la morte saison un honnête et pauvre travailleur...

» J'ose donc espérer, monsieur le maire et messieurs les membres du conseil, que cette demande sera favorablement accueillie; je l'ose d'autant mieux qu'elle n'a nullement pour but un intérêt personnel, mais un intérêt général; je l'ose parce que je n'ai point l'habitude de demander ni de faire demander quoi que ce soit pour moi; je l'ose enfin, parce que je sais la majorité du conseil à la fois trop éclairée et trop équitable pour ne pas s'associer à une œuvre dont l'importance et l'utilité sont si évidentes et si bien reconnues.

» Oui, messieurs, j'ose espérer que, dans l'intérêt de la ville et pour l'agrément des cinquante à soixante mille voyageurs et touristes qui annuellement viennent y séjourner plus ou moins de temps, vous n'hésiterez pas à voter une centaine de francs pour l'entretien et la conservation de cette œuvre.

» L'ermite de la forêt de Fontainebleau, DENECOURT.

Autres curiosités de la Forêt de Fontainebleau.

Outre les endroits remarquables à visiter en suivant l'itinéraire de nos diverses promenades, en voici quelques autres
qui, par leur position, demandaient un article spécial.

La Grotte des Barbisonnières, située aux Gorges d'Apremont.
Elle est ainsi nommée, parce qu'en 1814, les femmes de Bar-
bison s'y refugièrent avec leurs filles pour se soustraire aux
Cosaques;

La Grotte d'Auguste et Marie, également située aux Gorges
d'Apremont, mais plus agréablement, et d'où l'on jouit d'un
charmant point de vue. Tout près de là se trouve le rocher de
l'*Exilé :* c'est l'un des groupes les plus remarquables des Gorges d'Apremont, et d'où l'on a aussi un très beau point de vue,
autant sur la Forêt qu'au delà de Barbison. Mais, à propos de
ce hameau, nous aurions à nous reprocher de n'en point par-
ler; car c'est là la colonie de nos artistes; c'est là qu'ils viennent s'installer pour être à proximité de la plus imposante
partie de nos déserts. Leur hôtellerie, quoique fort modeste,
mérite néanmoins d'être visitée. A part d'assez bon vin et autres confortables à des prix très doux, vous y trouverez tout
un musée d'esquisses et de pochades jetées çà et là, sur les
murs, sur les portes, et partout où s'est trouvée la moindre
place. Vous dire les sujets, les ébauches qui décorent les diverses pièces de cette maison, est chose moins facile à moi
qu'à madame Ganne, qui en est l'hôtesse. Elle vous dira même
les noms des artistes plus ou moins renommés qui se sont
ainsi plu à illustrer son humble pied à terre;

La Caverne du Croc-Marin, située entre le Long-Rocher et
Montigny. Elle se compose de pièces très agrestes, très rocail-
leuses et d'un accès difficile. Peu de dépenses suffiraient pour
la rendre plus abordable et plus intéressante à visiter;

La Roche à Boules, située au bornage de la Forêt, entre
Sorques et Montigny, près le versant méridional du Long-
Rocher. Cette Roche à boules est curieuse par sa forme fantas-
tique et la nature des agglomérations qui la constituent;

La Grotte du Fort des Moulins, située à cent mètres au nord
du carrefour de ce nom. Pour y parvenir, il faut descendre
dans la carrière dont elle forme l'extrémité la plus rapprochée
du carrefour. Cette grotte, résultant des sables blancs qu'on

en a retirés, est vaste et bien éclairée. Les bancs de grès qui en composent la voûte sont d'une portée effrayante;

L'Entonnoir de la Malmontagne, espèce de gouffre formé par l'affaissement du sol, ayant eu sans doute pour cause quelque excavation. L'orifice de ce trou peut avoir dix mètres de diamètre, et sa profondeur six à sept mètres;

La Caverne du Puits, située sur les platières des Gorges d'Apremont, à cinq cents mètres sud-ouest de la Croix du Grand-Veneur. Cette caverne est une espèce de puits sans eau, d'environ cinq mètres de profondeur, mais au fond duquel part une issue étroite descendant en pente d'abord assez douce, puis tout à coup tombant à pic dans un vide dont je n'ai pu me rendre compte, en raison de l'affreuse obscurité qu'il y fait et de la situation gênante dans laquelle je me trouvais; car je n'étais parvenu à surplomber ma canne dans ce gouffre ténébreux, qu'en me glissant comme un reptile et serré comme dans une gaîne;

La Caverne Pactone, située à l'extrémité des Hautes-Plaines, au bord d'une étroite et longue gorge, allant aboutir sur les déserts d'Arbonnes, vers le rocher de Milly. Elle est ainsi nommée, parce qu'en 1814, lors de l'invasion des Cosaques, plusieurs familles du village d'Arbonnes étant venu s'y réfugier, un sieur Pactone y vint au monde. Ce lieu ténébreux étant quelque peu dégagé, pourrait cacher environ cinquante personnes.

Les Cavernes du Rocher de la Salamandre. Celles-ci, plus connues que la précédente, n'en sont pas moins très difficiles à explorer. Personne, que je sache, n'y a pénétré aussi loin, aussi imprudemment que moi. Il a fallu que je me fisse accompagner par un carrier muni d'outils pour élargir les endroits où le passage était impossible : tantôt nous nous trouvions serrés et comme brisés entre d'affreuses anfractuosités; tantôt le souterrain se transformait en vastes caveaux dont les innombrables issues nous laissaient l'embarras du choix. Mais après avoir vaincu bien des obstacles et pénétré quelques cents pas dans les ténèbres de ce labyrinthe, les difficultés devinrent plus grandes. De toutes les issues qui s'offraient autour de nous, pas une n'était praticable. Cependant, après bien des efforts et bien des coups de couperet, nous parvînmes à faire une ouverture assez grande pour passer en nous coulant à plat ventre. Bientôt cet étroit couloir cessa, et ma bougie me permit de voir que je me trouvais la tête et les bras placés en dehors d'une paroi et surplombant dans un vide qui ne me laissait voir qu'une espèce de lac noir, dont la surface me paraissait être à trois mètres en contre-bas de l'issue où j'étais allongé et la tête suspendue. Je remis ma bougie en poche, et, m'emparant d'un bout de la corde dont nous nous étions munis, je me laissai couler dans l'abîme en recommandant bien à mon compagnon de ne pas lâcher le bout qu'il tenait. Je me sentis incessamment les jambes dans l'eau, mais une eau glacée. Heureusement que les inégalités de la roche au long de laquelle je me laissais couler me permirent de me jeter de côté et de me trouver hors du précipice. Ayant rallumé ma bougie et examiné cette partie du souterrain, je fus effrayé en voyant la manière dont les roches en formaient la voûte. Plusieurs de ces masses, affreusement suspendues et menaçantes, paraissaient ne tenir à rien et devoir entraîner toutes les autres dans leur chute : l'endroit était assez vaste et présentait de tous côtés des antres, des fissures plus ou moins larges et de toutes formes. Je pénétrai dans un couloir d'un mètre de largeur et haut de trois ou quatre; mais à peine l'eus-je parcouru dix pas qu'il me fallut rétrograder, vu son rétrécissement. Revenu dans la salle du lac, j'aurais pu m'engager dans une des nombreuses issues qui en formaient les aboutissants; mais j'en avais assez, et, à l'aide de notre cordeau, je parvins, non sans peine, à m'arracher de cette Thébaïde et à rejoindre le carrier qui n'avait pas jugé devoir me suivre. Dix minutes après, nous étions hors du dédale et sur le haut des rochers. Cette excursion est la plus difficile, et, je crois, la plus périlleuse de toutes celles que jusqu'ici j'ai entreprises dans la Forêt de Fontainebleau.

Outre les ruines de Franchard, on remarque aussi dans cette Forêt des vestiges d'anciennes constructions, telles que les traces de l'Ermitage de Saint-Louis, sur le sommet d'une montagne près la route de Fontainebleau à Melun, puis, sur le Rocher Trappe-Charrette, des restes d'une construction dont on ignore le but et l'origine.

Fontainebleau, imprimerie de E. Jacquin.

RENSEIGNEMENS UTILES

Aux Voyageurs qui viennent à Fontainebleau.

En arrivant à Fontainebleau, la première chose à laquelle on doit aviser, c'est tout d'abord le logis, le pied-à-terre. A cet égard, nous allons mettre sous les yeux de nos lecteurs les listes des différents Hôtels et Restaurants plus ou moins somptueux, de manière à satisfaire tous les goûts comme toutes les bourses. Mais disons que depuis l'ouverture de notre Chemin de Fer, depuis que les curieux Voyageurs affluent davantage à Fontainebleau, disons qu'ici, au lieu de les exploiter, de les rançonner, comme on le fait dans certaines autres résidences, c'est à qui rivalisera le mieux pour captiver, pour mériter la préférence ; c'est à qui agrandira, embellira le mieux son Hôtel, son Restaurant, son Café, son Magasin, et, ce qui vaut mieux à faire connaître, qu'il traite confortablement et à des prix modérés.

Mais hâtons-nous d'énumérer les adresses et les renseignements que nous ont communiqués eux-mêmes MM. les Maîtres d'Hôtels et autres Chefs d'Établissements.

HOTELS MENTIONNÉS SANS DÉTAILS

ET DONT LES PROPRIÉTAIRES SE SONT RÉUNIS ET ENTENDUS POUR TRAITER MM. LES VOYAGEURS COMME PAR LE PASSÉ, SANS AUGMENTATION DE PRIX.

HOTEL DU CADRAN-BLEU, tenu par M. Bucan, Grande-Rue, 9.

HOTEL DE PARIS, tenu par M. Barbier, Grande-Rue, 87, Place de l'Étape. près la nouvelle Grille du Parc.

HOTEL DE L'AIGLE-NOIR, tenu par MM. Lapotaire, frères, Place au Charbon, 10.

HOTEL DU LION D'OR, tenu par M. Chambon, place au Charbon, 12.

HOTEL DE LA SIRÈNE, tenu par Mme Dumont, rue de France, 34.

HOTEL DU PETIT CADRAN-BLEU, tenu par M. Launoy, rue de l'Obélisque, 6.

GRAND HOTEL DE FRANCE ET D'ANGLETERRE, tenu par Mme Roux-Fessard, en face la Grille du Palais.

Nota. Dans chacun de ces Hôtels, situés à proximité du Château, MM. les Voyageurs trouveront tout le confortable qu'ils peuvent désirer, des Appartements complets, des Chambres et Salons particuliers, un bon restaurant où l'on tient table ouverte à toute heure de la journée, soit à la carte, soit par tête, et à des prix très modérés.

Ces établissements ont des omnibus desservant tous les convois du Chemin de Fer, ainsi que des Chevaux et Voitures pour les Promenades dans la Forêt.

HÔTELS ET AUTRES ÉTABLISSEMENTS

MENTIONNÉS AVEC QUELQUES DÉTAILS.

—

GRAND HOTEL DE LA VILLE DE LYON,

Près le Château, rue Nationale, ci-devant rue Royale, 21.

M. MIRVILLE, propriétaire de ce bel établissement, le plus grand de la Ville et encadré de délicieux jardins avec bosquets, offre à MM. les Voyageurs des Appartements parquetés et élégamment meublés, avec salons pour les familles qui désirent séjourner ; un Restaurant à la carte, servi à toute heure, ou, si on le préfère, moyennant le prix de cinq ou de six francs par jour, l'on aura un excellent déjeûner, dîner et la chambre.

Le propriétaire s'engage à ne rien laisser désirer sous le rapport de la propreté, comme sous celui du confortable.

A ce vaste Hôtel est attaché un omnibus spécial correspondant à tous les départs et arrivées des convois du Chemin de fer, ainsi qu'un carrossier le mieux assorti en chevaux de selle et voitures de toute espèce pour les promenades dans la forêt.

M. MIRVILLE *having always correspond with the most considerables Hotels from Paris, frequented by the strangers, it will be certain of find in his stablishment the same confortable.*

———

RESTAURANTS A LA CARTE.

———

CAFÉ RESTAURANT,

Place au Charbon, en face le Château.

M. REULLIER vient de joindre à son Café un Restaurant où l'on trouvera tous les jours, pour les déjeûners et les dîners, les choses les meilleures et les plus fraîches en viandes, poisson, gibier et volaille. Ses vins des premiers crûs de Bourgogne, de Bordeaux et de Champagne, ainsi que ses vins ordinaires, sont tous de première qualité.

Assortiment de pièces froides pour les parties en forêt.

Prix très modérés.

Outre les Salons du Restaurant qui sont au premier, cet établissement, le plus vaste de la ville, possède un joli Jardin avec une Salle au fond.

Bureaux des bateaux à vapeur et voitures pour tous les départs du chemin de fer.

AU JARDIN DE DIANE.

M. GUÉRIN, pâtissier-traiteur, Grande-Rue, 1, à l'angle de la Place au Charbon, près le Palais et le Parterre, prévient Messieurs les Voyageurs qu'il vient de joindre à son établissement de pâtisserie un Salon de Restaurant dont la carte sera toujours très variée et d'un tarif modéré.

On trouve dans cet établissement, pour déjeûner et dîner en Forêt un assortiment de pièces froides aussi confortables qu'appétissantes, telles que volailles, galantines à la gelée, pâtés à la volaille, au gibier, au jambon de Bayonne, etc., etc.

Vins de toutes qualités. — Liqueurs fines et des îles.

De chaque côté de cette Maison si bien située sont des Bureaux d'Omnibus correspondant avec tous les départs et arrivées des convois du Chemin de Fer,

---

CAFÉ RESTAURANT DU CHEMIN DE FER.

Place de l'Étape, Grande-Rue, 142 (près la nouvelle grille du Parc.

Le nouveau propriétaire de cet établissement, M. HARANT, a l'honneur de prévenir MM. les voyageurs qu'il vient d'ouvrir un Restaurant dont le service très confortable ne laisse rien à désirer.

Vins de toutes qualités. — liqueurs fines.

A cet établissement, situé sur l'un des principaux points de la ville, est attaché un service d'Omnibus correspondant avec tous les départs et arrivées des convois du Chemin de Fer, ainsi qu'un loueur de voitures et chevaux de selle pour les promenades en forêt. — Le tout à des prix modérés.

PRINCIPAUX CAFÉS.

CAFÉ REULLIER, place au Charbon, tout à fait en regard du Palais et du Jardin de Diane, au centre de la ville. (*Voir* plus haut le premier article des Cafés-Restaurants.

CAFÉ LEZ, rue de France, 32, à côté de l'Hôtel de la Sirène, et à proximité du Château.

Cet établissement, le plus ancien de la ville, déjà très connu des étrangers qui ont visité Fontainebleau, s'est toujours fait remarquer par sa bonne tenue comme par la bonne qualité des consommations.

Salon au premier, orné de divans; Glacier.

On y trouve les principaux journaux de Paris.

En face cet établissement, est la principale Entreprise des Chevaux et Voitures de louage pour la Forêt, et un Bureau d'Omnibus correspondant avec tous les convois du Chemin de Fer.

CAFÉ LHEUREUX, Grande-Rue, en face l'Église, à proximité du Château et du Parc.

Établissement vaste et bien aéré. Objets de consommation de première qualité.

Bureau d'Omnibus desservant tous les convois du Chemin de fer.

CAFÉ ROCHER, Place de l'Étape-aux-Vins, en face la nouvelle Grille du Parc, à côté de l'Hôtel de Paris et d'un Bureau d'Omnibus desservant les convois du Chemin de Fer.

CAFÉ DU CHEMIN DE FER, place de l'Étape, Grande-Rue, 142, près la nouvelle Grille du Parc. (*Voir* plus haut les détails relatifs à cet établissement).

PATISSIERS RENOMMÉS.

M. CREUZET, Grande-Rue, 86, renommé pour son excellente pâtisserie de toute sorte, grande et petite, tient aussi de belles volailles, poissons et gibier choisis, fruits conservés.

Fait les petits fours et toutes espèces de commandes, soit pour la Ville, soit pour la Campagne. Il fournit beaucoup aux personnes qui vont en Forêt.

M. GUÉRIN, *au Jardin de Diane*, Grande-Rue, 1, également renommé pour sa très bonne pâtisserie. *(Voir* plus haut les détails relatifs à cet établissement).

PRINCIPAUX

LOUEURS DE CHEVAUX ET VOITURES.

AU PHAÉTON, rue de France, 33, en face l'Hôtel de la Sirène, M. NAIGEON, sellier-carrossier, tient Chevaux de selle et toute espèce de Voiture pour les promenades dans la Forêt. Il entreprend les voyages pour tous pays.
Prix modérés. — Cochers polis et connaisssant bien la Forêt.
Bureau d'Omnibus desservant le chemin de fer.

M. BERNARD, sellier-carrossier, même rue, 15, loue à des prix modérés toute espèce d'Équipages et Chevaux de selle pour les Promenades.
Cochers polis et connaissant bien la forêt.
Bureau d'Omnibus desservant le chemin de fer.

SOUVENIRS DE FONTAINEBLEAU.

Le Palais et la Forêt de Fontainebleau sont si riches de souvenirs et d'un aspect si remarquable, si pittoresque, que parmi les nombreux étrangers qui viennent visiter cet antique et magnifique rendez-vous de plaisance, il en est bien peu qui ne désirent en emporter quelque objet qui puisse témoigner du séjour qu'ils y ont fait et leur rappeler en même temps les belles choses qu'ils y ont vues.
A l'effet de satisfaire ce désir si bien motivé et si naturel surtout chez les personnes dont l'âme s'émeut, s'impressionne à la vue de tout ce qui est réellement beau, réellement digne de fixer l'admiration, MM. Walter et Charles Rivière viennent d'ajouter à leurs œuvres artistiques et pittoresques, d'autres sujets et plus jolis et plus dignes encore. Ce sont de nouveaux et char-

mants petits Albums, recouverts avec le Genevrier odorant
de nos rochers et comprenant les vues les plus remarquables,
les plus pittoresques du Palais et de la Forêt, ce sont, en un
mot, les souvenirs les plus délicieux et les plus réels que l'on
puisse emporter de Fontainebleau.

Ces petits Albums élégamment confectionnés et aussi porta-
tifs qu'ils sont intéressants, se trouvent à des prix très doux
aux adresses ci-après :

A LA RENOMMÉE

DE LA TABLETTERIE EN BOIS DE GENEVRIER

De la Forêt de Fontainebleau.

*Place au Charbon, 6. en face le Palais et contigu au Bureau des
Omnibus du Chemin de Fer.*

Cet établissement, fondé par madame Cudot, qui a joint à
sa librairie les produits fabriqués en bois de genevrier et d'autres productions plus curieuses encore de la forêt, n'est rien
moins qu'un magnifique bazar de *Souvenirs de Fontainebleau.*
Etant parvenue à donner à cette nouvelle branche d'industrie
une extension, une perfection qui justifie parfaitement le titre
de son enseigne, elle prévient messieurs les Voyageurs qu'ils
trouveront dans son bel établissement un grand choix, un grand
assortiment de très jolis objets en tout genre, confectionnés
avec ce bois odorant de la forêt de Fontainebleau et comprenant les modèles les plus variés et les plus nouveaux, depuis
les plus simples jusqu'aux plus composés, aux plus élégants,
et travaillés sous toutes les formes, depuis l'humble boîte à feu
jusqu'à la boîte à bijoux, à gants, à secrets; des corbeilles
sculptées, des nécessaires pour dames, de jolis sabliers et calvaires, des miniatures d'agendas, des porte-monnaie et porte-
cigares non moins attrayants, et mille autres délicieuses fan-
taisies offrant à la fois l'utile et l'agréable, et dont la délicatesse
du travail seule plaît et séduit.....

Mais parmi toutes ces heureuses et gentilles métamorphoses
de nos vieux et sauvages genevriers, mais parmi tout ce choix
infini de modèles exquis, de *Souvenirs de Fontainebleau,* tous

plus charmants les uns que les autres, se remarquent d'une manière toute particulière les curieux et très intéressants petits Albums recouverts avec ce bois de genevrier que nous venons de mentionner plus haut.

Outre cette variété infinie d'objets d'art qui décorent et remplissent les magasins de madame Cudot, il s'y trouve de curieux échantillons de toutes grandeurs de la singulière et très remarquable cristallisation particulière à la forêt de Fontainebleau, cristallisation d'autant plus intéressante, d'autant plus recherchée, qu'elle ne se rencontre, en effet, nulle part ailleurs sur le globe, sinon dans le Wurtemberg, et encore n'en découvre-t-on qu'à peine et en fendant les bancs de grès.

La librairie de madame Cudot mérite aussi une mention. On y trouve tous les ouvrages publiés dans ces derniers temps sur Fontainebleau, tels que Notices historiques et descriptives, Cartes topographiques et Itinéraires, Guides indispensables pour visiter parfaitement et avec connaissance de cause le Palais et la Forêt, etc., etc.

Abonnement de lecture au mois et au volume; grand choix de romans, pièces de théâtres, voyages, livres de piété et d'éducation élégamment et richement reliés.

Papeterie, fournitures de bureaux.

Très jolis presse-papiers en genevrier, ornés de cristallisations de la forêt.

AUX

SOUVENIRS HISTORIQUES ET PITTORESQUES

DE FONTAINEBLEAU,

Chez l'auteur et éditeur, rue de France, 33, en face l'hôtel de la Sirène, au premier, où l'on trouve :

1° Les Itinéraires et les Cartes indispensables pour visiter parfaitement les plus belles choses à voir dans le Palais et la Forêt.

2° Les Ouvrages historiques et descriptifs les plus exacts qui aient paru sur Fontainebleau et ses remarquables alentours

3° Un grand choix de Gravures et de d'Albums recouverts en Genevrier odorant de la Forêt, et comprenant les vues pittoresques du Palais et des sites charmants qui l'environnent. Ces très jolis Albums sont les Souvenirs de Fontainebleau les plus intéressants et les plus vrais que l'on puisse emproter.

On trouve également chez M. Denecourt, les plus beaux et les plus curieux échantillons de la très remarquable Cristallisation particulière à la Forêt de Fontainebleau, et qui ne se retrouvent même plus dans aucune des carrières en exploitation.

AUX SOUVENIRS DE FONTAINEBLEAU.

Rue de France, 4, près le Château.

GENEVRINES
TABLETTERIE EN VÉRITABLE
GENEVRIER
DE LA FORÊT DE FONTAINEBLEAU

MADAME MARCHAND

Seule inventrice des **Genevrines** ou tabletterie en véritable Genevrier de la forêt de Fontainebleau.

Dans l'établissement spécial de Mme Marchand on trouve, avec les rares et remarquables cristallisations de la forêt, le plus complet assortiment d'objets du meilleur goût et de tous les modèles fabriqués avec le bois de genevrier odorant : boîtes à ouvrage, à gants, à thé, à bijoux; caves à odeurs, paniers découpés, corbeilles élégantes, plombs de travail, porte-monnaie, porte-visites, briquets de toute espèce, très jolies coupes de toutes grandeurs, calvaires et autres objets de sainteté, une foule de petits articles de fantaisie et d'utilité recherchés pour leurs formes gracieuses et leurs prix modérés; encriers de divers modèles, presse papiers ornés de cristaux de la forêt; papeteries; cannes sculptées réunissant à un souvenir pittoque, un mérite artistique bien connu des amateurs.

L'immense variété, les continuelles innovations, et surtout la perfection du travail apportée aux *Genevrines* donnent à ces charmants *Souvenirs de Fontainebleau*, le cachet particulier que leur *Inventrice* tient à conserver à ses produits. Elle possède en outre les jolis Albums composés des vues pittoresques du palais et de la forêt, avec devises et chiffres empreints sur le bois odorant qui les recouvre.

Les *Cartes* et *Itinéraires* indispensables pour visiter parfaitement le palais et les sites qui l'environnent.

Les *Dragées-genevrines* composées avec les fruits du genevrier.

L'Eau de Fontainebleau composée des fleurs lès plus suaves qui croissent dans la forêt, et contenue dans de jolis barils marqués du chiffre de François Ier. *Madame Marchand est seule propriétaire* de cette Eau composée par Von-Oven.

On trouve également dans cette maison un grand choix dans les divers articles de parfumerie, ganterie, lingerie, bonbons et jouets d'enfants.

ENGLISH SPOKEN.

Madame Marchand vient de réunir à ses nombreux Souvenirs de Fontainebleau, une curieuse et intéressante collection des *mousses* et des *lichens*, sauvage et gracieuse parure de nos rochers, artistement disposés en légers tableaux du plus charmant effet.

LIBRAIRIE DE FRANCIS LHUILLIER

Rue de France, 11.

Tient les Guides et Cartes du Voyageur à Fontainebleau, ainsi qu'un choix de jolis Albums recouverts en genevrier, et comprenant les vues les plus pittoresques du Palais et de la Forêt.

Atelier de reliure, et fourniture de bureaux.

RELIURE ET PAPETERIE.

M. BROCHOT, relieur et papetier, rue de la Paroisse, en face l'église, tient un dépôt des Guides et Cartes du Voyageur à Fontainebleau, ainsi qu'un assortiment complet des vues pittoresques du Palais et de la Forêt, réunies en très jolis Albums recouverts avec le genevrier odorant du pays.

MAISONS ET CLOS

OU L'ON TROUVE LES MEILLEURS CHASSELAS

DE FONTAINEBLEAU.

MAISON LARIOTTE, Grande-Rue, n° 7, près le Château, seule et principale fruiterie où se trouve les plus beaux fruits du pays, les primeurs les plus rares et particulièrement le superbe chasselas de la belle Treille du parc du Château de Fontainebleau.

Messieurs les amateurs pourront se donner la plaisir de le choisir eux-mêmes à la Treille.

NOTA. M. Lariotte ayant trouvé le moyen précieux de conserver longtemps les produits de ses belles treilles, on est assuré, en s'adressant chez lui, de trouver en toute saison les raisins aussi frais, aussi beaux qu'en sortant d'être cueillis.

On peut lui faire des commandes par correspondance, on sera certain d'être exactement et bien servi, même pour les pays étrangers.

CLOS DU MONTCEAU, situé à la sortie du parc et à très peu de distance du débarcadère du chemin de fer. M Morlet, l'un de principaux horticulteurs et pépiniéristes des environs de Paris, cultive en grand le chasselas de Fontainebleau, de première qualité, ainsi que les autres espèces de raisins et toutes sortes d'arbres et de plantes connus.

Il expédie aussi ses produits par correspondance et pour tous pays.

On peut acheter le raisin, soit par petits paniers, soit en gros sur la treille.

M. GUIONNET, faïencier et porcelainier, Grande-Rue, 92, prévient MM. les Voyageurs que, chaque année, au temps de la récolte, il vend en détail le beau chasselas de ses treilles. On peut venir le choisir soi-même à la treille. Il se charge des emballages d'objets fragiles et de toute espèce de fruits.

CLOS DE BEL-AIR, rue de la Paroisse, 33, ancienne renommée méritée par la bonté de son plant et la belle qualité de son chasselas.

M. POSTEL, rue Traversière-Saint-Honoré, n° 4. Chasselas première qualité. On peut venir choisir à la treille.

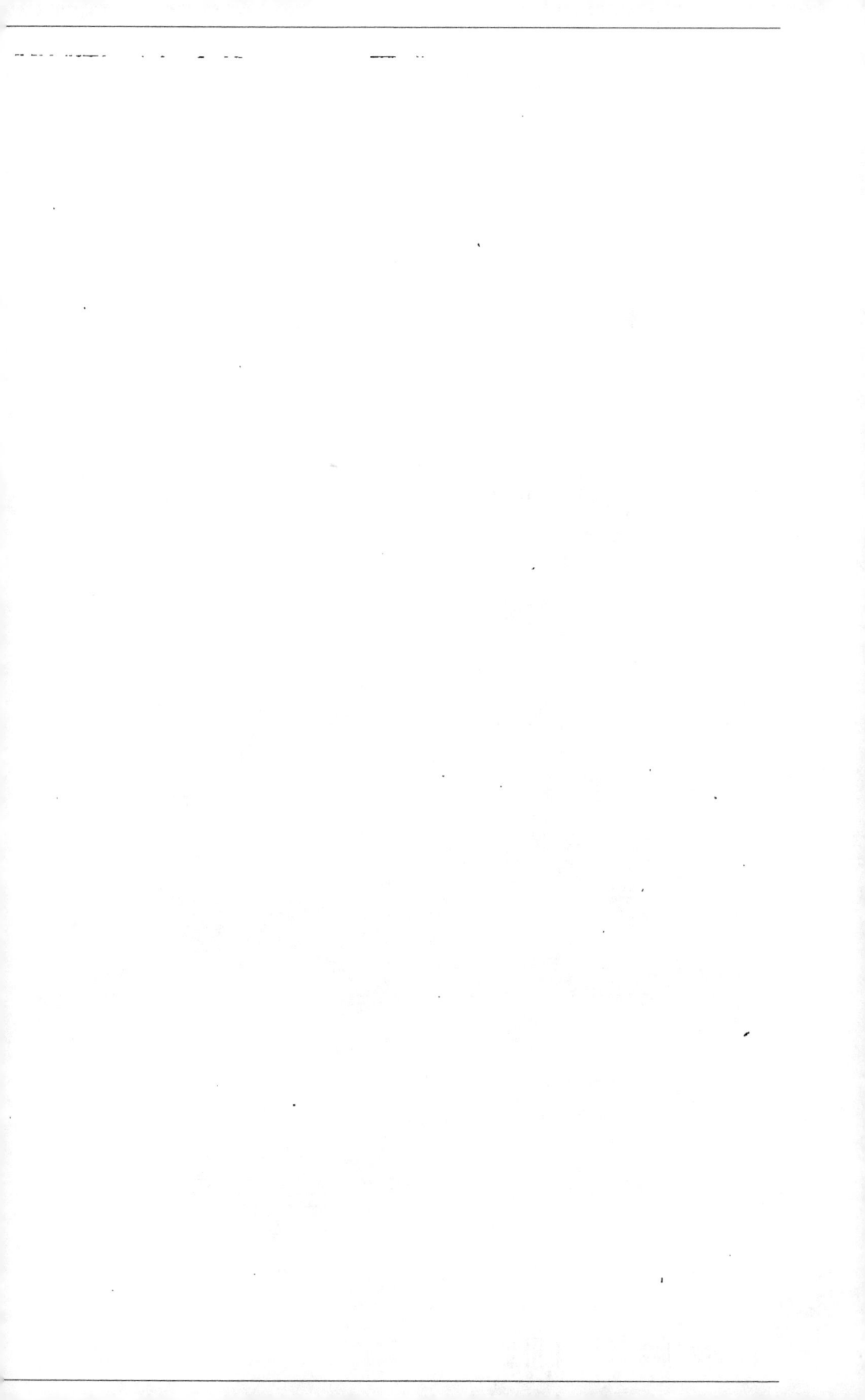

www.ingramcontent.com/pod-product-compliance
Lightning Source LLC
Chambersburg PA
CBHW062026200326
41519CB00017B/4942